창의영재수학

아이앤아이

중급
초등 4~6학년

F 문제해결력
캐나다 동부편

창의영재수학

아이 앤 아이

영재들의 수학여행
Math Travel

01 수학 여행 테마로 수학 사고력 활동을 자연스럽게 이어갈 수 있도록 하였습니다.

02 키즈 – 입문 – 초급 – 중급 – 고급으로 이어지는 단계별 창의 영재 수학 학습 시리즈입니다.

03 각 단원마다 기초 – 심화 – 응용의 문제 배치로 쉬운 것부터 차근차 근 문제해결력을 향상시킵니다.

04 각종 수학 사고력, 창의력 문제, 지능검사 문제, 대회 기출 문제 등을 체계적으로 정밀하게 다듬어 정리하였습니다.

05 과학, 음악, 미술, 영화, 스포츠 등에 관련된 융합형(STEAM) 수학 문제를 흥미롭게 다루었습니다.

06 단계적으로 창의적 문제해결력을 향상시켜 영재교육원에 도전해 보 세요.

창의영재가 되어볼까?

교재 구성

키즈 (6세 7세 초1)

A (수)	B (연산)	C (도형)	D (측정)	E (규칙)	F (문제해결력)	G (워크북)
수와 숫자 수 비교하기 수 규칙 수 퍼즐	가르기와 모으기 덧셈과 뺄셈 식 만들기 연산 퍼즐	평면도형 입체도형 위치와 방향 도형 퍼즐	길이와 무게 비교 넓이와 들이 비교 시계와 시간 부분과 전체	패턴 이중 패턴 관계 규칙 여러 가지 규칙	모든 경우 구하기 분류하기 표와 그래프 추론하기	수 연산 도형 측정 규칙 문제해결력

입문 (초1~3)

A (수와 연산)	B (도형)	C (측정)	D (규칙)	E (자료와 가능성)	F (문제해결력)	G (워크북)
수와 숫자 조건에 맞는 수 수의 크기 비교 합과 차 식 만들기 벌레 먹은 셈	평면도형 입체도형 모양 찾기 도형나누기와 움직이기 쌓기나무	길이 비교 길이 재기 넓이와 들이 비교 무게 비교 시계와 달력	수 규칙 여러 가지 패턴 수 배열표 암호 새로운 연산 기호	경우의 수 리그와 토너먼트 분류하기 그림 그려 해결하기 표와 그래프	문제 만들기 주고 받기 어떤 수 구하기 재미있게 풀기 추론하기 미로와 퍼즐	수와 연산 도형 측정 규칙 자료와 가능성 문제해결력

초급 (초3~5)

A (수와 연산)	B (도형)	C (측정)	D (규칙)	E (자료와 가능성)	F (문제해결력)
수 만들기 수와 숫자의 개수 연속하는 자연수 가장 크게, 가장 작게 도형이 나타내는 수 마방진	색종이 접어 자르기 도형 붙이기 도형의 개수 쌓기나무 주사위	길이와 무게 재기 시간과 들이 재기 덮기와 넓이 도형의 둘레 원	수 패턴 도형 패턴 수 배열표 새로운 연산 기호 규칙 찾아 해결하기	가짓수 구하기 리그와 토너먼트 금액 만들기 가장 빠른 길 찾기 표와 그래프(평균)	한붓 그리기 논리 추리 성냥개비 다른 방법으로 풀기 간격 문제 배수의 활용

중급 (초4~6)

A (수와 연산)	B (도형)	C (측정)	D (규칙)	E (자료와 가능성)	F (문제해결력)
복면산 수와 숫자의 개수 연속하는 자연수 수와 식 만들기 크기가 같은 분수 여러 가지 마방진	도형 나누기 도형 붙이기 도형의 개수 기하판 정육면체	수직과 평행 다각형의 각도 접기와 각 붙여 만든 도형 단위 넓이의 활용	규칙성 찾기 도형과 연산의 규칙 규칙 찾아 개수 세기 교점과 영역 개수 수 배열의 규칙	경우의 수 비둘기집 원리 최단 거리 만들 수 있는, 없는 수 평균	논리 추리 님 게임 강 건너기 창의적으로 생각하기 효율적으로 생각하기 나머지 문제

고급 (초6~중등)

A (수와 연산)	B (도형)	C (측정)	D (규칙)	E (자료와 가능성)	F (문제해결력)
연속하는 자연수 배수 판정법 여러 가지 진법 계산식에 써넣기 조건에 맞는 수 끝수와 숫자의 개수	입체도형의 성질 쌓기나무 도형 나누기 평면도형의 활용 입체도형의 부피, 겉넓이	시계와 각도 평면도형의 활용 도형의 넓이 거리, 속력, 시간 도형의 회전 그래프 이용하기	암호 해독하기 여러 가지 규칙 여러 가지 수열 연산 기호 규칙 도형에서의 규칙	경우의 수 비둘기집 원리 입체도형에서의 경로 영역 구분하기 확률	홀수와 짝수 조건 분석하기 다른 질량 찾기 뉴튼산 작업 능률

책의 구성과 활용

단원들어가기

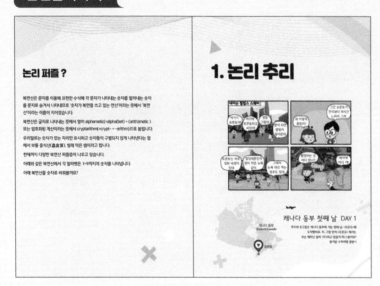

친구들의 수학여행(Math Travel)과 함께 단원이 시작됩니다. 여행지에서 수학문제를 발견하고 창의적으로 해결해 나갑니다.

아이앤아이 수학여행 친구들

전 세계 곳곳의 수학 관련 문제들을 풀며 함께 세계여행을 떠날 친구들을 소개할게요!

무우

팀의 맏리더. 행동파 리더.

에너지 넘치는 자신감과 무한 긍정으로 팀원에게 격려와 응원을 아끼지 않는 팀의 맏형, 솔선수범하는 믿음직한 해결사예요.

상상

팀의 챙김이 언니, 아이디어 뱅크.

감수성이 풍부하고 공감력이 뛰어나 동생들의 고민을 경청하고 챙겨주는 맏언니예요.

알알

진지하고 생각많은 똘똘이 알알이.

겁 많고 부끄럼 많고 소심하지만 관찰력이 뛰어나고 생각 깊은 아이에요. 야무진 성격을 보여주는 얄밤머리와 주근깨 가득한 통통한 볼이 특징이에요.

제이

궁금한게 많은 막내 엉뚱이 제이.

엉뚱한 질문이나 행동으로 상대방에게 웃음을 주어요. 주위의 것을 놓치고 싶지 않은 장난기가 가득한 매력덩어리입니다.

단원살펴보기

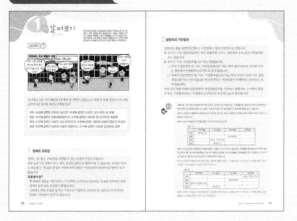

단원의 주제되는 내용을 정리하고 '궁금해요' 문제를 풀어봅니다.

대표문제

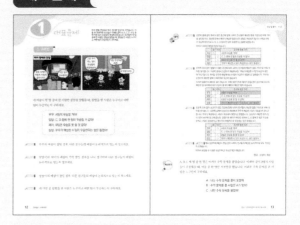

대표되는 문제를 단계적으로 해결하고 '확인하기' 문제를 풀어봅니다.

연습문제

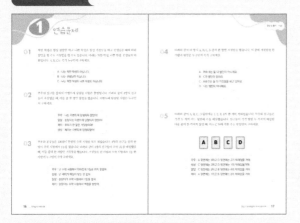

단원살펴보기 및 대표문제에서 익힌 내용을 알차게 구성된 사고력 문제를 통해 점검하며 주제에 대한 탄탄한 기본기를 다집니다.

심화문제

단원에 관련된 문제의 이해와 응용력을 바탕으로 창의적 문제 해결력을 기릅니다.

창의적문제해결수학

창의력 응용문제, 융합문제를 풀며 해당 단원 문제에 자신감을 가집니다.

정답 및 풀이

상세한 풀이과정과 함께 수학적 사고력을 완성합니다.

차례
CONTENTS

중급 **F** 문제해결력
초등4~6학년

논리 퍼즐 ?

우리 일상생활 속에서 논리 퍼즐은 여러 가지가 있습니다. 그중에 "네모로직"과 "지뢰 찾기"는 논리적으로 생각하면서 풀어야 하는 유명한 퍼즐입니다.

먼저 "네모로직"은 일본의 퍼즐 게임입니다. 정사각형 바둑판 밖에 각각 적혀있는 숫자에 맞춰 각 칸을 색칠하여 숨겨진 그림이나 문자를 완성하는 게임입니다.

오른쪽 <그림 1>과 같이 한 줄에 숫자가 한 개인 경우, 각 칸을 연속하여 숫자에 맞춰 색칠해야 합니다.

한 줄에 숫자가 2개 이상인 경우, 한 칸 이상 건너뛰어 색칠해야 합니다. 게다가 0이 있는 줄은 칸을 색칠하지 않습니다. 이와 같이 논리적으로 색칠하면 오른쪽 <그림 1>과 같은 숨겨진 알파벳 K를 찾을 수 있습니다.

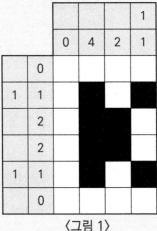

〈그림 1〉

"지뢰 찾기"는 어떤 숫자가 쓰여진 칸을 둘러싼 8칸에는 그 수만큼 지뢰가 숨겨져 있습니다. 이 지뢰를 찾는 게임입니다.

아래 <그림 2>와 같이 맨 윗줄의 적힌 3을 둘러싼 파란색 3칸에는 지뢰가 있고 마지막 줄의 3을 둘러싼 파란색 2칸과 노란색 1칸에는 지뢰가 있습니다.

어떤 빈칸에 큰 수가 적혀있을 때, 먼저 그 수를 둘러싼 8칸의 빈칸에 그 수만큼 지뢰가 있다고 가정하여 지뢰를 찾습니다.

〈그림 2〉

1. 논리 추리

네이슨 필립스 스퀘어

여기가 토론토야!

봐!! 저기에 토론토라고 써있어!

정말 그렇네.

밤이 되면 불빛이 들어온대.

왜 이렇게 졸립지?

그건 토론토가 한국보다 14시간 느려서 그래.

토론토는 자주 영화 배경이 된대.

빌딩때문인가 왠지 작은 뉴욕 같아.

짠~

그래서 뉴욕 대신 찍는 경우도 많대.

촬영!!?

촬영하는 곳 어디 없나?

제이야! 어디 가!

두리번 두리번

캐나다 동부 첫째 날 DAY 1

무우와 친구들은 캐나다 동부에 가는 첫째 날, <토론토>에 도착했어요. 자, 그럼 먼저 <토론토> 에서는 무슨 재미난 일이 기다리고 있을지 떠나 볼까요? 즐거운 수학여행 출발~!

캐나다 동부
Eastern Canada

토론토

궁금해요 ?

네 사람은 모두 예상한 2개 중에 한 개씩만 맞췄습니다. 과연 첫 번째 공연부터 네 번째 공연까지의 제목이 무엇일까요?

무우: 첫 번째 공연은 〈라이온 킹〉이고, 네 번째 공연은 〈사운드 오브 뮤직〉일 거야!
알알: 세 번째 공연은 〈레미제라블〉이고, 네 번째 공연은 〈라이온 킹〉일 것으로 예상해!
제이: 두 번째 공연은 〈사운드 오브 뮤직〉이고, 첫 번째 공연은 〈찰리와 초콜릿 공장〉인 것 같아!
상상: 세 번째 공연은 〈찰리와 초콜릿 공장〉이고, 두 번째 공연은 〈라이온 킹〉일지도 몰라!

1 명제와 귀류법

명제는 '참' 혹은 '거짓'임을 증명할 수 있는 분명한 문장을 말합니다.
예를 들어 "7은 자연수이다."라는 문장은 참이므로 명제가 될 수 있습니다. 하지만 "숫자는 아름답다." 와 같은 문장은 사람에 따라 참인지 거짓인지가 달라지므로 명제가 될 수 없습니다.

귀류법이란?
　한 명제의 결론을 '거짓'이라고 가정하여, 논리적으로 모순되는 모습을 보여줘서 원래 명제가 참인 것을 증명하는 방법입니다.
　이외에도 어떤 주장을 참 또는 거짓으로 가정하여, 논리적으로 모순되는지 알아보는 방법인 "가정하여 풀기"도 있습니다.

2 참말족과 거짓말족

참말족은 항상 참말만을 말하고 거짓말족은 항상 거짓말만을 말합니다.

1. 무우가 "나는 참말족입니다."라고 말했다면, 무우는 참말족일 수도 있고 거짓말족일 수도 있습니다.

2. 무우가 "나는 거짓말족입니다."라고 말했습니다.

   ① 무우가 참말족일 때, "나는 거짓말족입니다."라는 말이 참이 됩니다. 하지만 무우는 참말족이기 때문에 논리적으로 맞지 않습니다.

   ② 무우가 거짓말족일 때, "나는 거짓말족입니다."라는 말이 거짓이 되어 "나는 참말족입니다."라는 말이 됩니다. 하지만 무우는 거짓말족이기 때문에 논리적으로 맞지 않습니다.

이와 같이 어떤 사람이 참말족인지 거짓말족인지를 가려내기 위해서는 그 사람이 참말족 또는 거짓말족이라고 가정하여 논리적으로 모순이 되는지 알아봅니다.

정답

아래 〈표 1〉은 무우가 예상한 첫 번째 공연이 〈라이언 킹〉이 맞는다는 가정했을 때, 알알이와 제이가 예상한 공연의 제목 중 〈레미제라블〉과 〈사운드 오브 뮤직〉은 각각 세 번째와 두 번째 공연임을 알 수 있습니다.

하지만 상상이가 예상한 두 번째 공연은 〈라이언 킹〉으로 무우가 예상한 첫 번째 공연이 〈라이언 킹〉이 맞는다는 가정에 모순됩니다.

따라서 무우가 예상한 첫 번째 공연은 〈라이언 킹〉이 아닙니다.

〈표 1〉

	첫 번째	두 번째	세 번째	네 번째
무우	라이온 킹			
알알			레미제라블	
제이		사운드 오브 뮤직		
상상		라이온 킹		

아래 〈표 2〉는 무우가 예상한 네 번째 공연이 〈사운드 오브 뮤직〉이 맞는다는 가정했을 때 알알이와 제이가 예상한 공연의 제목 중 〈레미제라블〉과 〈찰리와 초콜릿 공장〉은 각각 세 번째와 첫 번째임을 알 수 있습니다. 마지막에 상상이가 예상한 〈라이언 킹〉이 두 번째 공연이 맞습니다.

따라서 무우와 친구들이 본 첫 번째 공연은 〈찰리와 초콜릿 공장〉, 두 번째 공연은 〈라이언 킹〉, 세 번째 공연은 〈레미제라블〉, 네 번째 공연은 〈사운드 오브 뮤직〉입니다.

〈표 2〉

	첫 번째	두 번째	세 번째	네 번째
무우				사운드 오브 뮤직
알알			레미제라블	
제이	찰리와 초콜릿 공장			
상상		라이온 킹		

따라서 무우와 친구들이 본 첫 번째 공연은 〈찰리와 초콜릿 공장〉, 두 번째 공연은 〈라이온 킹〉, 세 번째 공연은 〈레미제라블〉, 네 번째 공연은 〈사운드 오브 뮤직〉입니다.

1 대표문제

1. 귀류법

네 사람 중에 한 사람만 참말을 말했을 때, 참말을 한 사람은 누구이고 어떤 팀이 우승하는지 구하세요.

> 무우 : A 팀이 우승할 거야!
>
> 알알 : C, D 중에 한 팀이 우승할 거 같아!
>
> 제이 : B 팀은 우승을 못 할 것 같아!
>
> 상상 : 무우가 예상한 A 팀이 우승한다는 말은 틀렸어!

Step 1 무우의 예상이 참일 경우, 다른 친구들의 예상이 논리적으로 맞는지 찾으세요.

Step 2 알알이와 제이의 예상이 각각 참일 경우를 나눠 생각하여 다른 친구들의 예상이 논리적으로 맞는지 찾으세요.

Step 3 상상이의 예상이 참일 경우, 다른 친구들의 예상이 논리적으로 맞는지 찾으세요.

Step 4 네 사람 중 참말을 한 사람은 누구이고 어떤 팀이 우승하는지 구하세요.

Step 1 아래 표와 같이 무우가 참인 조건에 맞춰 나머지 친구들이 예상한 말을 거짓으로 바꿔 의미를 생각합니다. 아래 표에서 제이가 예상한 말을 보면, B팀도 우승하게 됩니다. A팀과 B팀이 우승하게 되므로 A, B, C, D 중에 한 팀이 우승한다는 말에 모순됩니다.

따라서 무우의 예상은 참이 아닙니다.

	참	거짓	조건에 맞춘 의미
무우	○		A 팀이 우승할 거야!
알알		○	C, D팀 모두 우승하지 못할거야.
제이		○	B 팀이 우승 할거야!
상상		○	무우가 예상한 A 팀이 우승한다는 말이 맞았어!

Step 2 아래 표와 같이 알알이가 참인 조건에 맞춰 나머지 친구들이 예상한 말을 거짓으로 바꿔 의미를 생각합니다. 아래 표에서 상상이의 예상에서는 "무우가 예상한 A 팀이 우승이 맞았어!"라고 합니다. 하지만 무우의 예상에서는 A 팀이 우승하지 못한다고 말했습니다. 무우와 상상가 각각 예상한 말에 논리적으로 모순이 생깁니다. 따라서 알알이의 예상은 참이 아닙니다. 이와 마찬가지로 제이가 참일 경우 상상이와 무우가 각각 예상한 말 의미에서 서로 모순이 생기므로 제이의 예상은 참이 아닙니다.

	참	거짓	조건에 맞춘 의미
무우		○	A팀은 우승하지 못할거야.
알알	○		C, D 중에 한 팀이 우승할 거 같아!
제이		○	B팀이 우승할 것 같아.
상상		○	무우가 예상한 A 팀이 우승한다는 말이 맞았어!

Step 3 아래 표와 같이 상상이가 참인 조건에 맞춰 나머지 친구들이 예상한 말을 거짓으로 바꿔 의미를 생각합니다. 아래 표에서 상상이의 예상에서 무우가 예상한 A팀이 우승을 못 한다고 합니다. 무우의 예상에서는 A팀이 우승하지 못한다고 말했습니다. 상상이가 예상한 말이 참이 되어 논리적으로 만족합니다. 알알이와 제이가 예상한 말에서 C, D 두 팀 모두 우승을 못하고, B팀이 우승한다고 했으므로 최종적으로 우승하는 팀은 B팀입니다.

	참	거짓	조건에 맞춘 의미
무우		○	A팀은 우승하지 못할거야
알알		○	C, D팀 모두 우승하지 못할 것 같아!
제이		○	B팀이 우승할거야.
상상	○		무우가 예상한 A 팀이 우승한다는 말은 틀렸어!

Step 4 **Step 3** 에서 상상이의 예상이 참일 경우 나머지 친구들의 예상은 논리적으로 모두 거짓임이 만족합니다.

따라서 참말을 한 사람은 상상이이고 우승한 팀은 B팀입니다.

정답 : 상상이, B팀

A, B, C 세 명 중 한 명은 어려운 수학 문제를 풀었습니다. 아래와 같이 3명의 사람들이 주장했을 때, 이들 중 한 명만 거짓말을 했습니다. 어려운 수학 문제를 푼 사람은 누구인지 구하세요.

A : 나는 수학 문제를 풀지 못했어.
B : 수학 문제를 푼 사람은 A가 맞아!
C : 나만 수학 문제를 풀었어!

1 대표문제

아래 〈표〉와 같이 3명의 친구들은 각각 요일에 따라 거짓말이나 참말을 합니다.
어떤 친구가 거짓말을 했는지와 오늘은 무슨 요일인지 구하세요

	거짓말	참말
상상	목, 금, 토	월, 화, 수, 일
제이	월, 화, 수	목, 금, 토, 일
알알	월, 화, 일	수, 목, 금, 토

〈표〉

> 상상 : 어제는 목요일이었습니다.
> 제이 : 내일은 금요일입니다.
> 알알 : 오늘로부터 5일 후는 화요일입니다.

Step 1 상상이가 참말을 했을 때, 오늘은 무슨 요일이 될지 구하세요.

Step 2 상상이가 거짓말을 했을 때, 나머지 친구들의 말이 논리적으로 맞는지 찾으세요.

Step 3 거짓말을 한 친구와 오늘의 요일을 구하세요.

풀이

⌀ Step 1 ▌ 아래 표와 같이 상상이가 참말을 했다면, 해당하는 오늘 요일은 월, 화, 수, 일요일입니다.

	참말	거짓말	한 말
상상	○		어제는 목요일이었습니다.

그런데 어제는 목요일이었으므로, 오늘은 금요일이 되어 모순입니다.

⌀ Step 2 ▌ 아래 표와 같이 상상이가 거짓말을 했다면, 해당하는 오늘 요일은 목, 금, 토요일입니다. 제이와 알알이는 목, 금, 토요일에 모두 참말만을 합니다.

	참말	거짓말	한 말
상상		○	어제는 목요일이었습니다.
제이	○		내일은 금요일입니다.
알알	○		오늘로부터 5일 후는 화요일입니다.

위 표처럼 제이와 알알이가 한 말이 참말이므로 오늘의 요일은 목요일입니다.

⌀ Step 3 ▌ ⌀ Step 2 ▌와 같이 세 사람 중에 거짓말을 한 사람은 상상이고 오늘의 요일은 목요일입니다.

정답 : 상상이, 목요일

확인하기 1

아래와 같이 3명의 사람들이 주장했을 때, A는 1, 2, 3, 4월에 거짓말하고 나머지 달에는 참말을 합니다. B는 5, 6, 7, 8월에 거짓말하고 나머지 달에는 참말을 합니다. C는 9, 10, 11, 12월에 거짓말하고 나머지 달에는 참말을 합니다. 이번 달은 무슨 달일까요?

> A : 저번 달에는 크리스마스가 있었네 ~
>
> B : 다음 달에는 어린이날이 있어.
>
> C : 이번 달은 30일까지 있네?

확인하기 2

아래와 같이 4명의 사람들이 주장했을 때, 이들 중에서 참말족은 누구인지 모두 구하세요.

> A : B는 거짓말족입니다.
>
> B : A와 C는 서로 같은 족입니다.
>
> C : B와 D는 서로 다른 족입니다.
>
> D : 나는 A와 다른 족이야!

연습문제

01 착한 학생은 항상 참말만 하고 나쁜 학생은 항상 거짓말을 하고 선생님은 때에 따라 참말을 할 수도 거짓말을 할 수도 있습니다. 아래는 착한 학생, 나쁜 학생, 선생님의 대화입니다. A, B, C는 각각 누구인지 구하세요.

> A : 나는 착한 학생이 아닙니다.
> B : 나는 선생님이 아닙니다.
> C : 나는 착한 학생도 나쁜 학생도 아닙니다.

02 무우와 친구들 중에서 이벤트에 당첨된 사람은 한명입니다. 아래와 같이 4명의 친구들이 주장했을 때, 이들 중 한 명만 참말을 했습니다. 이벤트에 당첨된 사람은 누구인지 구하세요.

> 무우 : 나는 이벤트에 당첨되지 않았어!
> 알알 : 상상이는 이벤트에 당첨되지 않았어!
> 제이 : 무우가 한 말은 거짓말이야!
> 상상 : 제이는 이벤트에 당첨되었어!

03 무우와 친구들은 모두 100점이 만점인 수학 시험을 보았습니다. 4명의 친구들 중의 한 명이 수학 시험에서 1등을 했습니다. 아래와 같이 4명의 친구들이 수학 1등을 예상했을 때, 이들 중의 한 사람만 거짓말을 했습니다. 거짓말을 한 사람과 수학 시험에서 1등 한 사람이 누구인지 각각 구하세요.

> 무우 : 난 수학 시험에서 안타깝게 1등을 하지 못했어.
> 상상 : 난 제이 말이 맞는 것 같아.
> 알알 : 상상이가 수학 시험에서 1등을 했어.
> 제이 : 알알이는 수학 시험에서 백점을 받았어.

04 아래와 같이 대화를 했을 때, 네 명의 A, B, C, D 중의 한 명만 거짓말을 했습니다. 이 중에 거짓말을 한 사람과 범인은 누구인지 각각 구하세요.

> A : 저와 B는 둘 다 범인이 아니에요.
> B : C가 범인이 맞아요.
> C : A와 D는 둘 다 거짓말을 하고 있어요.
> D : 나는 범인이 아니에요.

05 아래와 같이 A, B, C, D 뒷면에는 1, 2, 3, 4가 한 개씩 적혀있습니다. 무우와 친구들은 각각 두 개의 카드 뒷면의 수를 예상했습니다. 친구들이 각각 말한 두 가지의 예상한 내용 중의 한 가지씩 참일 때, 카드 C 뒤에 적힌 수는 무엇인지 구하세요.

> 무우 : A 뒷면에는 3이고 D 뒷면에는 2가 적혀있을 거야.
> 상상 : C 뒷면에는 3이고 D 뒷면에는 1이 적혀있을거야.
> 알알 : C 뒷면에는 2이고 B 뒷면에는 4이 적혀있을 거야.
> 제이 : A 뒷면에는 1이고 B 뒷면에는 3가 적혀있을 거야.

1 연습문제

06 참말족은 참말만 말하고 거짓말족은 거짓말만 말합니다. 네 명의 사람에게 자신들이 참말족인지 거짓말족인지 물어보았을 때 아래와 같이 대답했습니다. D는 참말족인지 거짓말족인지 판단하세요.

> A : 우리는 모두 거짓말족입니다.
>
> B : 우리 중 한 사람만 거짓말족입니다.
>
> C : 우리 네 사람 중 두 사람만 거짓말족입니다.
>
> D : 나는 참말족입니다.

07 A, B, C, D 네 장의 카드가 책상 위에 놓여있습니다. 책상 위에서 네 장 카드를 내려다 보았을 때 적혀있는 내용은 아래와 같았습니다. 이 카드 중 오직 한 장의 카드 내용만이 진실이라고 할 때, 그 한 장의 카드는 어떤 카드인지 적으세요.

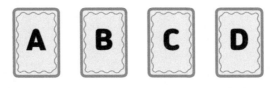

> A : C의 내용은 거짓입니다.
>
> B : A 또는 D의 내용은 진실입니다.
>
> C : D의 내용은 거짓입니다.
>
> D : B와 A의 내용은 진실입니다.

08 아래는 참말족도 거짓말족도 아닌 무우가 참말족 또는 거짓말족인 친구 상상, 알알, 제이 3명에게 질문한 내용입니다. 이 3명의 친구 중의 한 명만 참말족이라면, 과연 참말족이 누구인지 구하세요.

> 무우 : 제이는 거짓말족입니까?
>
> 상상 : 네, 제이는 거짓말족입니다.
>
> 무우 : 상상이는 참말족입니까?
>
> 알알 : 네, 상상이는 참말족입니다.
>
> 무우 : 상상이와 알알이 둘 다 거짓말족입니까?
>
> 제이 : 네, 두 명 모두 거짓말족입니다.

09 무우와 친구들은 빨간색, 파란색, 노란색, 초록색 중에 한 개씩 각각 선택했습니다. 아래와 같이 각자 자신이 선택한 색에 관해 얘기했습니다. 이들 중의 한 명만이 참말을 말했을 때, 제이가 선택할 수 없는 색은 무엇인지 찾으세요.

> 무우 : 나는 초록색을 선택하지 않았습니다.
>
> 상상 : 나는 빨간색이나 초록색을 선택하지 않았습니다.
>
> 알알 : 나는 파란색이나 노란색을 선택하지 않았습니다.
>
> 제이 : 나는 빨간색이나 노란색을 선택했습니다.

01 무우네 반 친구들은 반드시 참말만 하고 상상이네 반 친구들은 거짓말만 합니다. 아래에서 무우네 반 친구들과 상상이네 반 친구들인 A, B, C, D, E의 대화 내용입니다. D는 무우네 반일지 상상이네 반일지 구하세요.

A : 나는 무우네 반이야.
B : 아니야, A는 상상이네 반이야.
C : 나는 D와 같은 반이야.
D : B와 E는 서로 다른 반이야.
E : C는 상상이네 반이야.

02 어느 운동회에서 8명 A, B, C, D, E, F, G, H가 달리기 시합을 했습니다. 달리기 시합에서 1등부터 8등까지 한 명씩 있을 때, 아래와 같이 8명의 친구들이 서로 대화를 했습니다. 8명 중에 3명만 참말을 했을 때, 과연 달리기 시합에서 1등을 한 사람은 누구인지 구하세요.

A : C와 D 중에 한 명은 1등입니다.

B : A는 거짓말을 했습니다.

C : E는 1등을 못했습니다.

D : 저는 1등을 못했습니다.

E : 저는 D보다 잘 뛰어서 1등을 했습니다.

F : C의 말은 맞습니다.

G : A의 말은 맞습니다.

H : B는 1등을 했습니다.

1

심화문제

03 서로 여행한 기간이 다른 무우, 상상, 알알이가 아래와 같이 각각 세 가지 내용을 말했습니다. 세 명의 친구들이 각각 말한 세 가지 내용 중의 한 가지는 거짓말이고 두 가지는 참말일 때, 세 사람의 여행한 기간을 각각 구하세요.

무우 : 나는 여행을 10일 동안 했고, 상상이보다 2일 더 여행했고, 알알이보다 3일 적게 여행했어.

상상 : 알알이는 여행을 13일 동안 했고, 나는 알알이보다 1일 더 여행했고, 무우는 알알이보다 3일 더 여행했어.

알알 : 나는 가장 오랫동안 여행했고, 상상이는 무우보다 2일 적게 여행했고, 상상이는 여행을 8일 동안 했어.

04 무우네 반 친구들인 A, B, C, D, E, F 중의 3명은 주번입니다. 주번은 항상 거짓말을 하고 주번이 아닌 사람은 항상 참말만 합니다. 아래와 같이 6명의 친구들끼리 대화를 했을 때, 주번이 누구인지 고르세요.

A : 나는 주번이 아니야!

B : C는 주번이 맞아.

C : D와 F는 모두 주번이 아니야.

D : A는 주번이야.

E : B의 말이 틀렸어, C는 주번이 아니야.

F : D는 주번이야.

① 창의적문제해결수학

무우와 친구들은 각각 A, B, C, D 상점에 들르려고 합니다. 상점 A는 수요일에는 영업을 안하고, 상점 B는 금요일에 영업을 안하고, 상점 C는 목, 일요일에 영업을 안하고, 상점 D는 토요일에 영업을 안 합니다. 상점 A, B, C, D 네 곳은 모두 월요일에 영업을 안 합니다. 아래와 같이 4명의 친구들이 어떤 날에 함께 모여 이야기를 했습니다. 오늘은 무슨 요일이고 4명의 친구들이 각각 어떤 상점을 갔는지 구하세요. (단, 4명의 친구들은 서로 다른 상점에 들릅니다.)

무우 : 어제 상점을 들렀는데 문이 닫혀서 못 가서 오늘 꼭 가야 해.

상상 : 내일 상점이 영업을 안 해서 오늘 상점을 가려고 해.

알알 : 나는 오늘로부터 4일 연속으로 상점을 갈 수 있어.

제이 : 난 오늘로부터 4일 전에 상점을 들렀는데 문을 닫혀있었어.

02
창의융합문제

이곳에는 아래와 같이 6개의 안내판이 다음 장소로 가는 길이 적혀있습니다. 하지만 6개의 안내판 중에 2개의 안내판만 참말이 적혀있습니다. 무우와 친구들은 몇 번 길로 가면 되는지 구하세요. (단, 한 개의 갈림길로 가야 다음 장소가 나옵니다.)

첫 번째 안내판 : 세 번째 안내판은 참말입니다.

두 번째 안내판 : ⑤번 길로 가면 안 됩니다. ⑥번 길로 가면 됩니다.

세 번째 안내판 : ④번 길로 가면 됩니다.

네 번째 안내판 : ①번 길로 가면 안 됩니다. ⑤번 길로 가면 됩니다.

다섯 번째 안내판 : ②번 길과 ③번 길 중의 한 길로 가면 됩니다.

여섯 번째 안내판 : 두 번째 안내판은 거짓말입니다.

캐나다 동부에서 첫째 날 모든 문제 끝
퀘백으로 이동하는 무우와 친구들에게 어떤 일이 일어날까요?

'님 게임' 이란?

님 게임(Nim game)은 성냥개비나 바둑돌을 2명이 번갈아 가져가다가 맨 마지막에 성냥개비나 바둑돌을 가져가는 사람이 이기거나 지는 게임입니다.

님 게임의 한 예로는 두 명이 31까지 숫자를 번갈아 가면서 부르다가 마지막에 31을 부른 사람이 지게 되는 게임이 있습니다. 한 사람당 1개의 수부터 3개의 수까지 부를 수 있습니다.

과연 마지막에 31을 안 부르고 이기는 전략을 생각할 수 있을까요?

간단하게 이기는 전략은 내가 30을 부르면 이깁니다. 만약 내가 26을 부르면 아래 <표>와 같이 상대방은 27부터 29까지 수를 부를 수 있습니다. 이때 반드

26	27	28	29	30	31
나	상대방	상대방	상대방	나	상대방

26	27	28	29	30	31
나	상대방	상대방	나	나	상대방

26	27	28	29	30	31
나	상대방	나	나	나	상대방

시 내가 30을 부를 수 있게 되어 상대방이 집니다. 이 경우 4칸씩 수를 늘린 2, 6, 10, 14, 18, 22, 26, 30을 내가 불러 나가면 게임에서 완벽하게 이깁니다.

이러한 님 게임에서 완벽하게 이기는 전략은 1902년에 하버드대 수학과 교수 찰스 부튼 (Charles L. Bouton)에 의해 제시되었습니다. 이후, 님 게임은 수학뿐만 아니라 정치, 경제, 심리학에서 응용되는 중요한 이론이 되었습니다.

2. 님 게임

퀘벡 - 샤토 프롱트낙 호텔

퀘벡에 도착했어!

우와~ 굉장하다

꼭 프랑스 같아.

보면 볼수록

이 호텔 정말 근사하다.

이 호텔이 퀘벡의 랜드마크래.

이 호텔은 지어지는 데 무려 1세기가 걸렸대.

잠깐만

1세기면.. 100년?!

있잖아

우리 사진 찍자!

좋은 생각이야.

기념으로 찍자.

그래

그럼 내가 찍을 테니까 어서 모여!

캐나다 동부
Eastern Canada

퀘벡

토론토

캐나다 동부 둘째 날 DAY 2

무우와 친구들은 캐나다 동부에 가는 둘째 날, <퀘벡>에
도착했어요. <퀘벡> 에서는
무슨 재미난 일이 기다리고 있을지 떠나 볼까요?
즐거운 수학여행 출발~!

궁금해요 ?

16개의 눈덩이가 있습니다. 게임의 조건은 무우가 눈덩이를 먼저 가져가면 게임에서 이기는 것입니다. 무우가 반드시 게임에서 이기려면 아래에서 어떤 규칙을 선택해야 할까요?

> 첫 번째 규칙 : 한 번에 3개까지 눈덩이를 가져갈 수 있고,
> 마지막 눈덩이를 가져간 사람이 이깁니다.
>
> 두 번째 규칙 : 한 번에 2개까지 눈덩이를 가져갈 수 있고,
> 마지막 눈덩이를 가져간 사람이 이깁니다.

〈눈덩이〉

1 님 게임 전략

1. 항상 이기는 방법

① 이길 수 있는 상태를 가정하여 거꾸로 생각합니다.

② 마지막을 가져가거나 부를 때 이기는 경우, 마지막 전까지 상대방이 가져가거나 부르게 해야 합니다.

③ 마지막을 가져가거나 부를 때 지는 경우, 마지막 전까지 내가 가져가거나 부르게 해야 합니다.

1 님 게임 전략

2. 항상 이길 수 있는 전략을 선택하는 방법

① 전체 개수, 한 번에 가져올 수 있는 최대 개수를 알아봅니다.

② 마지막을 가져가는 경우 이기는지, 지는지 알아봅니다.

③ 먼저 시작하는 것이 유리한지, 불리한지 알아봅니다.

16개의 눈덩이를 아래와 같이 1부터 16까지 수로 적힌 눈덩이라고 생각합니다.

1. 첫 번째 규칙일 때, 한 번에 3개까지 눈덩이를 가져갈 수 있습니다. 마지막에 ⑯ 눈덩이를 가져간다면 상대방은 (⑬) 또는 (⑬, ⑭) 또는 (⑬, ⑭, ⑮) 를 가져가도록 만들어야 합니다. 그러므로 ⑬ 눈덩이 이전의 자신의 차례에 ⑫ 눈덩이를 반드시 가져가야 합니다. 이와 마찬가지로 ⑫ 눈덩이를 가져간다면 상대방은 (⑨) 또는 (⑨, ⑩) 또는 (⑨, ⑩, ⑪)를 가져가도록 만들어야 합니다. 그러므로 ⑨ 눈덩이 이전의 자신의 차례에 ⑧ 눈덩이를 반드시 가져가야 합니다.

위의 그림과 같이 16에서 4씩 뺀 수인 ④, ⑧, ⑫, ⑯의 눈덩이를 가져가면 게임을 이길 수 있습니다.

①②③④⑤⑥⑦⑧⑨⑩⑪⑫⑬⑭⑮⑯

따라서 한 번에 3개까지 눈덩이를 가져가는 규칙에서 눈덩이를 나중에 가져가는 사람이 ④ 눈덩이를 가져가면 이깁니다. 무우가 눈덩이를 먼저 가져가므로 첫 번째 규칙을 선택하면 게임에서 지게 됩니다.

2. 두 번째 규칙일 때, 한 번에 2개까지 눈덩이를 가져갈 수 있습니다. 마지막에 ⑯ 눈덩이를 가져간다면 상대방은 (⑭) 또는 (⑭, ⑮)를 가져가도록 만들어야 합니다. 그러므로 ⑭ 눈덩이 이전의 자신의 차례에 ⑬ 눈덩이를 반드시 가져가야 합니다. 이와 마찬가지로 ⑬ 눈덩이를 가져간다면 상대방은 (⑪) 또는 (⑪, ⑫)를 가져가도록 만들어야 합니다. 그러므로 ⑪ 눈덩이 이전의 자신의 차례에 ⑩ 눈덩이를 반드시 가져가야 합니다.

위의 그림과 같이 16에서 3씩 뺀 수인 ①, ④, ⑦, ⑩, ⑬, ⑯의 눈덩이를 가져가면 게임을 이길

①②③④⑤⑥⑦⑧⑨⑩⑪⑫⑬⑭⑮⑯

수 있습니다. 따라서 한 번에 2개까지 눈덩이를 가져가는 규칙은 눈덩이를 먼저 가져가는 사람이 ① 눈덩이를 가져가면 이깁니다.

따라서 무우가 먼저 눈덩이를 가져가므로 두 번째 규칙을 선택해서 ① 눈덩이를 가져가면 게임에서 이깁니다.

1. 님 게임 (Nim game)

아래 표가 있을 때, 1부터 최대 4개까지 수를 지워나가는 게임입니다. 마지막 수인 25를 지운 사람이 이 게임에서 집니다. 반드시 이기기 위한 방법은 무엇일까요?

1	2	3	4	5
6	7	8	9	10
11	12	13	14	15
16	17	18	19	20
21	22	23	24	25

Step 1 규칙에 따라 내가 25를 지우면 게임에서 집니다. 위 표에서 내가 반드시 이기기 위해서 지워야 하는 수는 무엇일까요?

Step 2 내가 24를 지우기 위해서는 그 전에 내가 어떤 수를 지우면 될까요?

Step 3 내가 반드시 이기기 위해 내 차례마다 마지막으로 지워야 하는 수들을 모두 구하세요.

Step 4 이기기 위해 먼저 하는 것과 나중에 하는 것 중 어떤 것이 유리할까요?

풀이

🔹 Step 1 ▐ 내가 25를 지우면 게임에서 지므로 게임에서 이기기 위해 나는 24를 지워야 합니다.

🔹 Step 2 ▐ 상대방이 20 또는 20, 21 또는 20, 21, 22 또는 20, 21, 22, 23을 지운다면 나는 21, 22, 23, 24 또는 22, 23, 24 또는 23, 24 또는 24를 지울 수 있습니다. 나는 반드시 24를 포함하여 지우므로 반드시 이깁니다. 따라서 상대방이 20을 지우기 위해서는 나는 19를 반드시 지워야 합니다.

🔹 Step 3 ▐ 오른쪽 표와 같이 내 차례마다 마지막으로 지워야 하는 수들을 ◯을 표시했습니다. 따라서 상대방이 어떤 수를 지우든지 내가 이기기 위해서는 24에서 5씩 뺀 수인 4, 9, 14, 19, 24를 내 차례마다 반드시 마지막으로 지워야 합니다.

1	2	3	④	5
6	7	8	⑨	10
11	12	13	⑭	15
16	17	18	⑲	20
21	22	23	㉔	25

🔹 Step 4 ▐ 한 개부터 네 개까지 수를 지울 수 있습니다. 내가 처음에 1부터 4까지 수를 지워야 상대방과 관계없이 마지막에 24를 지울 수 있으므로 먼저 하는 게 유리합니다.

답 : 풀이 과정 참조

확인하기 1

두 사람이 번갈아 가며 아래의 달력에 적힌 날짜를 지울 때, 세 개의 날짜까지 지울 수 있습니다. 이 달력에 마지막 날 (28일) 을 지우는 사람이 질 때, 처음에 며칠을 지워야 이기는지 구하세요.

월	화	수	목	금	토	일
					1	2
3	4	5	6	7	8	9
10	11	12	13	14	15	16
17	18	19	20	21	22	23
24	25	26	27	28		

확인하기 2

두 사람이 번갈아 가며 1부터 50까지 연속하는 자연수를 부를 때, 1개부터 6개까지 수를 부를 수 있습니다. 마지막에 50을 부르는 사람이 이길 때, 반드시 이기기 위한 방법은 무엇일까요?

2 대표문제

2. 님 게임 전략

3개의 주머니에 구슬이 각각 1개, 2개, 5개씩 들어있을 때, 무우가 먼저 구슬을 가져가서 항상 이기려면 처음에 어떤 주머니에서 몇 개의 구슬을 가져가면 되는지 구하세요.

> **1.** 자기 차례에는 적어도 구슬을 1개 이상 가져가고 가져가는 개수는 제한이 없습니다.
> **2.** 한 번에 1개의 주머니에서만 구슬을 꺼낼 수 있습니다.
> **3.** 마지막 구슬을 가져가는 사람이 이깁니다.

Step 1 무우가 먼저 3개 중 한 개의 주머니에서 모든 구슬을 가져갔을 때, 누가 게임에서 반드시 이길까요?

Step 2 무우가 먼저 3개 중 한 개의 주머니에서 구슬을 가져간 후 두 개의 주머니의 구슬 개수가 같을 때, 누가 게임에서 반드시 이길까요?

Step 3 무우가 먼저 5개 구슬 중 1개, 2개를 가져갔을 때, 각각 누가 게임에서 반드시 이기는지 구하세요.

Step 4 무우가 반드시 게임에서 이기기 위해서 먼저 구슬을 몇 개 가져와야 할까요?

풀이

🔧 **Step 1** 무우가 3개의 주머니 중에 한 개의 주머니에서 모든 구슬을 가져갔다고 생각합니다. 이 경우 나머지 2개의 주머니에 (2, 5), (1, 5), (1, 2)가 남습니다. 상상이는 남은 두 주머니의 구슬 개수가 같아지도록 구슬을 가져갑니다. 무우와 상상이가 번갈아 가면 반드시 상상이가 마지막 구슬을 가져가서 이기게 됩니다.
따라서 무우가 3개의 주머니 중에 한 개의 주머니의 모든 구슬을 가져간다면 상상이가 마지막 구슬을 가져가서 반드시 무우가 게임에서 집니다.

🔧 **Step 2** 무우가 3개 중 한 개의 주머니에서 구슬을 가져간 후 두 개의 주머니 구슬 개수가 같아지는 경우는 (1, 2, 2), (1, 2, 1), (1, 1, 5)로 총 3가지입니다. 이 경우 상상이는 구슬의 개수가 같은 2개의 주머니를 제외한 나머지 한 개의 주머니에서 구슬을 모두 가져갑니다. 무우와 상상이가 번갈아 가져가면 반드시 상상이가 마지막 구슬을 가져가서 무우가 집니다.
따라서 무우가 먼저 3개 중 한 개의 주머니에서 구슬을 가져간 후 두 개의 주머니의 구슬 개수가 같아질 때는 반드시 무우가 집니다.

🔧 **Step 3** 무우가 5개의 구슬 중 1개, 2개의 구슬을 가져가면 나머지 주머니의 구슬 개수는 (1, 2, 4), (1, 2, 3)으로 총 2가지입니다.

① (1, 2, 4)의 경우에서 상상이가 구슬의 개수가 (1, 2, 3)이 되도록 구슬을 1개만 가져갑니다. 무우와 상상이가 번갈아 가져가면 반드시 상상이가 마지막 구슬을 가져가서 무우가 집니다.

② (1, 2, 3)의 경우는 상상이가 적어도 한 개를 가져가야 합니다. 상상이가 두 주머니의 구슬 개수가 같거나 한 주머니에서 모두 구슬을 가져갈 때 (1, 1, 3) 또는 (1, 2, 2) 또는 (1, 2, 1) 또는 (2, 3) 또는 (1, 2) 또는 (1, 3)이 됩니다. 그 후 무우와 상상이가 번갈아 가져가면 반드시 무우가 마지막 구슬을 가져가서 이기게 됩니다.
따라서 무우는 5개의 구슬이 든 주머니에서 2개 구슬을 가져가면 반드시 게임에서 이깁니다.

🔧 **Step 4** 무우가 반드시 게임에서 이기기 위해서 먼저 5개의 구슬이 든 주머니에서 2개의 구슬을 가져와야 합니다.

확인하기

아래와 같이 2장, 3장, 4장의 숫자 카드 세 묶음이 있습니다. 두 사람이 차례로 한 묶음에서 한 장 이상의 카드를 가져갈 때, 마지막의 카드를 가져온 사람이 이기는 게임입니다. 처음에 어떤 묶음에서 카드를 몇 장을 가져가야 반드시 이기는지 구하세요.

01 아래의 규칙에 따라 무우와 상상이가 구슬 가져가기 게임을 했습니다. 먼저 시작하는 사람이 항상 게임에서 이기는 방법을 찾으세요.

> 1. 구슬은 총 33개로 두 개의 주머니에 각각 15개와 18개로 나누어 들어 있습니다.
> 2. 두 사람이 번갈아 가며 한 주머니에서만 구슬을 1개부터 3개까지 가져갈 수 있습니다.
> 3. 마지막 구슬을 가져간 사람이 게임에서 이깁니다.

02 35개의 구슬이 있을 때, 두 사람이 번갈아 가면서 한 번에 3개까지 가져갈 수 있습니다. 아래에 적혀있는 1.과 2.의 경우를 각각 구하세요.

> 1. 마지막 구슬을 가져간 사람이 게임에서 이길 때, 처음에 몇 개의 구슬을 가져가야 반드시 게임에서 이기는지 구하세요.
> 2. 마지막 구슬을 가져간 사람이 게임에서 질 때, 처음에 몇 개의 구슬을 가져가야 반드시 게임에서 이기는지 구하세요.

03 90개의 성냥개비가 있을 때, 무우와 상상이는 번갈아 가면서 한 번에 7개까지 가져갈 수 있습니다. 마지막 성냥개비를 가져간 사람이 이깁니다. 무우가 먼저 A개를 가져가고 그다음 상상이는 3개를 가져갔습니다. 그다음 무우가 B개를 가져갔을 때, 무우는 반드시 게임에서 이깁니다. A + B의 값은 무엇일까요?

04 1 × 64의 칸을 두 사람이 번갈아 가면서 순서대로 색칠할 때, 마지막 칸을 칠하는 사람이 이긴다고 합니다. 한 번 칠할 때 처음부터 4칸 또는 8칸을 연달아 칠해야 합니다. 처음에 몇 칸을 칠해야지 게임에서 이길 수 있을까요?

05 아래의 규칙에 따라 두 사람이 번갈아 가며 수를 부릅니다. 먼저 시작하는 사람이 반드시 게임에서 이기는 방법을 구하세요.

> 1. 11부터 20까지 자연수 중 한 개씩 부릅니다.
> 2. 두 사람이 처음부터 부른 수들의 합이 2060이 되는 순간 마지막에 부른 사람이 이깁니다.
> 3. 같은 수를 여러 번 부를 수 있습니다.

06 아래와 같이 A, B, C의 주머니에 각각 1개, 4개, 6개의 구슬이 들어있습니다. 무우와 상상이는 번갈아 가면서 한 주머니에서 한 개 이상씩 구슬을 꺼냅니다. 마지막 구슬을 꺼낸 사람이 이깁니다. 무우가 먼저 구슬을 가져갈 때, 항상 이기려면 어떤 주머니에서 몇 개의 구슬을 가져가면 되는지 구하세요.

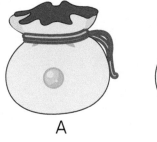 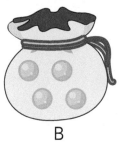 

A　　　　　　B　　　　　　C

07 아래와 같이 1 × 48 격자판 맨 앞과 맨 끝에 각각 바둑돌 A와 B가 있습니다. 무우는 바둑돌 A를 가지고 상상이는 바둑돌 B를 가지고 게임을 합니다. 바둑돌 A는 오른쪽으로 1칸부터 4칸까지 옮길 수 있고 바둑돌 B는 왼쪽으로 1칸부터 4칸까지 옮길 수 있습니다. 무우와 상상이가 번갈아 가면서 바둑돌을 옮기는 데 상대방 바둑돌을 넘어갈 수 없고 더 이상 옮길 수 없을 때 게임에서 지게 됩니다. 무우가 먼저 게임을 시작할 때 어떻게 바둑돌을 옮겨야 이기는지 구하세요.

08 규칙에 따라 두 사람이 1부터 연속하는 자연수를 순서대로 번갈아 가면서 부르는 게임을 합니다. 이 게임에서 항상 이기는 방법을 구하세요.

> **1.** 한 번에 자연수를 2개, 3개, 4개, 5개씩 부를 수 있습니다.
> **2.** 101을 부르는 사람이 집니다.

09 50부터 99까지 연속하는 자연수가 적혀있는 숫자 카드가 한 장씩 총 50장이 있습니다. 무우와 상상이는 서로 번갈아 가면서 숫자 카드를 뽑았습니다. 두 장의 카드가 남았을 때, 카드에 적힌 수가 서로 1 이외에 공약수가 없다면 그 직전에 카드를 뽑은 사람이 이깁니다. 무우가 반드시 게임에서 이기기 위해서 어떤 방법으로 숫자 카드를 뽑아야 하는지 구하세요.

10 아래와 같이 10 × 10 격자판이 있습니다. 두 사람이 번갈아 가면서 〈조각 그림〉과 같은 4칸짜리 조각을 격자판에 채우려고 합니다. 조각을 채울 수 없는 사람이 진다면, 먼저 하는 사람과 나중에 하는 사람 중 한 사람이 반드시 이기는 방법을 찾으세요.

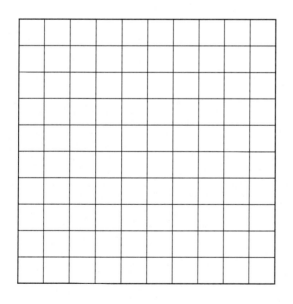

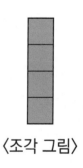

〈조각 그림〉

01 다음과 같이 A, B, C의 주머니에 각각 1개, 5개, 6개의 구슬이 들어있습니다. 무우와 상상이는 번갈아 가면서 한 주머니에서 한 개 이상씩 구슬을 꺼냅니다. 마지막 구슬을 꺼낸 사람이 이깁니다. 다음의 적혀있는 (1)과 (2)의 경우를 각각 구하세요.

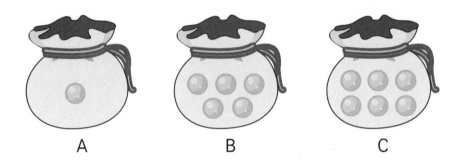

(1) 무우가 먼저 구슬을 가져갈 때, 항상 이기려면 처음에 어떤 주머니에서 몇 개의 구슬을 가져가면 되는지 쓰세요.

(2) 상상이가 먼저 B 주머니에서 2개를 꺼냈다면 무우는 그다음 어떤 주머니에서 몇 개의 구슬을 가져가야 이기는지 쓰세요.

02 무우와 상상이는 상자 안에 있는 30개의 구슬을 아래의 규칙에 따라 번갈아 가면서 구슬을 꺼냈습니다. 무우가 먼저 시작할 때 무우가 반드시 이기기 위해서 처음에 몇 개의 구슬을 꺼내야 할까요?

> 1. 매번 상자 안에 있는 구슬 총 개수의 $\frac{1}{2}$ 이하로만 꺼냅니다.
> 2. 더 이상 구슬을 상자에서 꺼낼 수 없는 사람이 집니다.

03 규칙에 따라 무우와 상상이가 수를 번갈아 가며 불렀습니다. 상상이가 먼저 2를 부르고 나서 무우가 반드시 이기기 위해서 무우는 최소 몇 개의 수를 부르면 되는지 구하세요.

> **1.** 한 사람 당 한 개의 수만 부릅니다.
>
> **2.** 한 사람이 어떤 수 A를 부르면 다음 사람은 A + 1보다 크거나 같고 A × 2보다 작은 수 중의 한 개를 부릅니다.
>
> **3.** 100을 부르는 사람이 이깁니다.

⊙예 무우가 5를 부르면 상상이는 6보다 크거나 같고 10보다 작은 수인 6, 7, 8, 9 중 한 개의 수를 부를 수 있습니다.

04   규칙에 따라 무우와 상상이가 게임을 했습니다. 무우가 먼저 시작하여 8을 적었고 그 다음 상상이는 5를 적었습니다. 이때, 무우가 반드시 이기기 위해서 그다음에 어떤 수를 써야 하는지 구하세요.

1. 1부터 10까지의 수 중 한 번에 한 개의 수만 쓸 수 있습니다.
2. 이미 적은 모든 수들의 약수는 적을 수 없습니다.
3. 더 이상 적을 수가 없는 사람이 게임에서 집니다.

2 창의적문제해결수학

01 아래 〈그림〉과 같이 3 × 9판 위에서 무우는 흰 돌 3개를 가지고, 상상이는 검은 돌 3개를 가지고 번갈아 가며 아래의 규칙에 따라 게임을 합니다. 무우가 먼저 시작할 때, 무우가 반드시 이기는 방법을 구하세요.

1. 검은 돌은 오른쪽으로 한 칸 이상 옮길 수 있고 흰 돌은 왼쪽으로 한 칸 이상 옮길 수 있습니다. 상대방 바둑돌을 넘어갈 수 없습니다.
2. 바둑돌을 옮길 수 없는 사람이 집니다.
3. 자신의 차례일 때, 한 개의 바둑돌만 옮기고 한 칸에 바둑돌 한 개만 놓습니다.

〈그림〉

02

창의융합문제

한 번에 바둑돌을 한 방향으로 여러 칸을 옮길 수 있습니다. 무우가 먼저 바둑돌을 옮길 때, 무우가 반드시 이기기 위해서 처음에 바둑돌을 어느 칸에 놓아야 하는 지와 무우가 반드시 이기는 방법을 적으세요. (단, 바둑돌은 오른쪽, 위쪽으로만 옮겨야 합니다.)

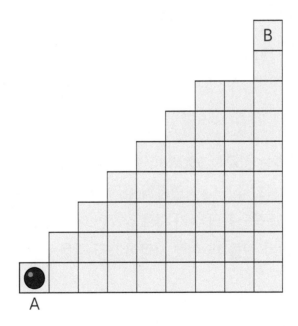

캐나다 동부에서 둘째 날 모든 문제 끝!
킹스턴으로 이동하는 무우와 친구들에게 어떤 일이 일어날까요?

강 건너기 퍼즐?

강 건너기 퍼즐(River crossing puzzle)은 전송 퍼즐의 일종으로 강의 반대편으로 물체를 이동시키는 것을 목적으로 하는 퍼즐입니다.

① <여우, 거위, 콩 자루 문제>는 농부가 여우, 거위, 콩 자루를 가지고 강을 건너야 하는 상황입니다. 농부가 없으면, 여우가 거위를 잡아먹고, 거위와 콩 자루가 같이 있으면 거위는 콩 자루 속 콩을 먹습니다. 배의 노를 저을 수 있는 것은 농부 뿐이며 한 번 배로 옮길 때 한 종류만 옮길 수 있다고 합니다. 이때 아무 피해 없이 모두 강을 건너는 방법을 구해야합니다.

② <선교사와 식인종 문제>는 선교사 3명과 식인종 3명이 강을 건너야 하는 상황입니다. 어느 장소든 선교사의 수보다 식인종의 수가 많으면 식인종이 선교사를 해칩니다. 그러나 선교사와 식인종의 수가 서로 같으면 아무런 피해가 없습니다. 한 번에 두 사람만 배에 탈 수 있을 때, 여섯 사람이 모두 강을 건너는 방법을 구해야 합니다.

과연 무사히 강을 건널 수 있을까요?

3. 강 건너기

캐나다 동부 셋째 날 DAY 3

무우와 친구들은 캐나다 동부에 가는 셋째 날, <킹스턴>에
도착했어요.
자, 그럼 <킹스턴>에서는
무슨 재미난 일이 기다리고 있을지 떠나 볼까요?
즐거운 수학여행 출발~!

궁금해요 **?**

아래 〈조건〉을 보고 제이는 1등, 2등, 3등 한 친구와 강아지의 주인을 각각 맞춰 보려 합니다. 과연 제이는 문제를 해결할 수 있을까요?

> **조건**
>
> **1.** 무우는 쿠키의 주인이 아니고 알알이는 크림의 주인이 아닙니다.
>
> **2.** 쿠키는 1등을 하지 못했습니다.
>
> **3.** 초코는 2등을 했습니다.
>
> **4.** 알알이는 3등이 아닙니다.

1 강 건너는 방법

앞에서 〈여우, 거위, 콩 자루 문제〉의 상황에서 농부가 가장 적게 배를 움직여 무사히 옮기는 방법을 찾기 위해 아래 〈그림〉과 같이 여우, 거위, 콩 자루의 관계를 그립니다. 오른쪽 〈그림〉에 따라 여우와 콩 자루가 함께 있어도 문제가 생기지 않습니다.

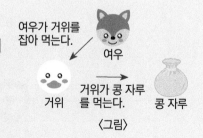

여우가 거위를 잡아 먹는다.

거위가 콩 자루를 먹는다.

〈그림〉

농부는 먼저 거위를 건너편에 옮깁니다. 그다음 여우를 건너편으로 옮깁니다. 하지만 여우와 거위가 같이 있게 되므로 거위를 다시 원위치로 옮깁니다. 거위와 콩 자루가 같이 있게 되므로 콩 자루만 여우가 있는 건너편으로 옮깁니다. 마지막으로 거위를 건너편으로 다시 옮깁니다.

농부는 총 7번의 배를 움직여 모두 무사히 강을 건널 수 있습니다.

2 연역법

1. 연역법이란?

주어진 사실에서 논리적으로 모순이 없이 결론을 끌어내는 방법입니다. 연역법의 대표적인 방법은 삼단논법입니다.

2. 삼단논법이란?

둘 이상의 전제로부터 새로운 결론을 끌어내는 방법입니다.

예 모든 사람은 죽습니다. (전제 1)
무우는 사람입니다. (전제 2)
따라서 무우는 죽습니다. (결론)

정답

1. ②번과 ③번 조건에 따라 쿠키는 1등을 하지 못했고 초코는 2등입니다. 따라서 아래 표에서 초코는 2등이고 쿠키는 3등이 되어 1등은 크림입니다.

등수	1등	2등	3등
강아지	크림	초코	쿠키
주인			

2. ①번과 ④번 조건에 따라 알알이는 크림 주인이 아니고 3등도 아니므로 2등인 초코 주인입니다. 무우는 쿠키 주인이 아니므로 1등인 크림 주인입니다. 상상이는 나머지 3등인 쿠키 주인입니다. 따라서 아래 표에서 알알이는 초코 주인이고 무우는 크림 주인이고 상상이는 쿠키 주인입니다.

등수	1등	2등	3등
강아지	크림	초코	쿠키
주인	무우	알알	상상

따라서 제이는 위와 같은 방법으로 1등은 (크림, 무우)이고 2등은 (초코, 알알)이고 3등은 (쿠키, 상상)임을 구할 수 있습니다.

3 대표문제

1. 강 건너기

어느 곳이든 관광객보다 범죄자가 더 많으면 반드시 범죄자가 관광객을 해칩니다. 서로 수가 같으면 아무런 피해가 없습니다. 범죄자 3명과 관광객 3명이 강을 무사히 건너는 방법을 설명하세요. (단, 나룻배에는 한 명 또는 두 명이 탈 수 있습니다.)

Step 1 아래와 같이 관광객을 A라고 하고 범죄자를 B라고 놓습니다. 배로 3번만 건너서 킹스턴 교도소에서 감옥 박물관으로 범죄자 3명만을 옮기는 방법을 설명하세요.

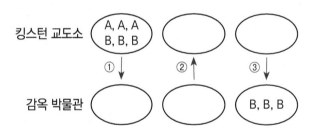

Step 2 Step 1 을 포함하여 배로 11번만 건너서 감옥 박물관에 범죄자 3명과 관광객 3명을 모두 놓는 방법을 설명하세요.

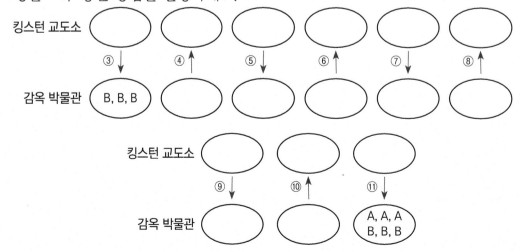

풀이

Step 1 아래 〈그림 1〉과 같이 처음에 범죄자 2명을 감옥 박물관에 옮기고 다시 범죄자 1명만 교도소로 옮긴 후 범죄자 2명만 감옥 박물관으로 옮기는 방법이 있습니다. 이 방법 외에도 관광객 1명과 범죄자 1명을 감옥 박물관에 옮기고 다시 관광객 1명만 교도소로 옮긴 후 범죄자 2명만 감옥 박물관으로 옮기는 방법이 있습니다. 처음에 시작하는 방법은 달라도 마지막에 3명의 범죄자만 감옥 박물관에 있는 것은 똑같습니다. (나룻배는 2명까지 탈 수 있고, 빈 나룻배는 운행되지 않습니다)

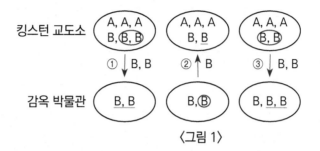

〈그림 1〉

Step 2 **Step 1** 을 포함하여 최소 한 명만 배에 태우고 관광객보다 범죄자가 더 적어야 하는 조건에 따른 방법은 아래 〈그림 2〉와 같은 방법 밖에 없습니다.

〈그림 2〉

따라서 배를 최소 11번만 움직여서 감옥 박물관에 무사히 도착할 수 있습니다.

정답: 풀이 과정 참조

확인하기

강아지 2마리와 고양이 2마리가 강을 건너려고 합니다. 강에는 나룻배 한 척이 있을 때, 한 마리 또는 두 마리가 탈 수 있습니다. 강아지가 고양이보다 수가 많아지면 싸웁니다. 싸우지 않고 무사히 4마리가 강을 건너는 방법을 설명하세요. (단, 배의 뱃사공은 생각하지 않고, 배는 1마리 이상 태워야 운행합니다)

2. 논리 추론

이 꽃집은 장미, 국화, 백합, 튤립, 수국을 파는 가게입니다. 일행은 〈조건〉에 맞게 꽃을 산 후 꽃다발을 만듭니다. 어떤 종류의 꽃을 살 수 있을까요?

조건

1. 국화와 튤립을 둘 다 살 수 없습니다.
2. 수국을 산다면 반드시 튤립도 사야 합니다.
3. 장미와 백합 중에서 적어도 한 종류의 꽃을 사야 합니다.
4. 백합을 산다면 반드시 국화도 사야 합니다.
5. 장미 또는 국화를 산다면 수국도 사야 합니다.

Step 1 조건 ③에 따라 장미와 백합 중에 백합을 사는 경우, 반드시 사야하는 다른 종류의 꽃을 모두 구하세요.

Step 2 **Step 1** 에서 반드시 사야하는 꽃들을 살 경우 〈조건〉을 모두 만족하는지 구하세요.

Step 3 조건 ③에 따라 장미와 백합 중에 장미를 사는 경우, 반드시 사야하는 다른 종류의 꽃을 모두 구하세요.

Step 4 **Step 3** 에서 반드시 사야하는 꽃들을 살 경우 〈조건〉을 모두 만족하는지 구하세요.

풀이

🔗 **Step 1** 조건 ③에서 백합을 사는 경우,

조건 ④에 따라 국화도 사야 합니다. 국화를 사면, 조건 ⑤에 따라 수국도 사야 합니다. 수국을 사면, 조건 ②에 따라 튤립도 사야 합니다.

따라서 조건 ③에서 백합을 사는 경우, 반드시 사야 하는 종류는 국화, 수국, 튤립입니다.

🔗 **Step 2** 위 🔗 **Step 1** 에서 반드시 사야 하는 꽃은 백합, 국화, 수국, 튤립으로 총 4 종류입니다. 하지만 조건 ①에서 국화와 튤립을 둘 다 살 수 없으므로 조건 ①에 만족하지 않습니다.

🔗 **Step 3** 조건 ③에서 장미를 사는 경우,

조건 ⑤에 따라 수국을 사야 합니다. 수국을 사면, 조건 ②에 따라 반드시 튤립을 사야 합니다.

따라서 조건 ③에서 장미를 사는 경우 반드시 사야 하는 종류는 수국과 튤립입니다.

🔗 **Step 4** 위 🔗 **Step 3** 에서 반드시 사야 하는 꽃은 장미, 수국, 튤립으로 총 3종류입니다. 이 3 종류의 꽃을 산다면 조건 ①부터 조건 ⑤까지 모든 조건을 만족합니다.

따라서 일행들은 장미, 수국, 튤립을 살 수 있습니다.

정답 : 장미, 수국, 튤립

확인하기 1

무우, 상상, 알알, 제이 네 사람은 사과, 딸기, 참외, 수박 중에서 각각 서로 다른 한 가지 과일을 선택합니다. 아래의 조건을 보고 각각 사람들이 선택한 과일을 구하세요.

① 사과를 선택한 친구는 제이의 가장 친한 친구입니다.

② 알알이가 수박을 선택하지 않으면 무우는 딸기를 선택합니다.

③ 상상이는 수박을 선택합니다.

확인하기 2

무우, 상상, 알알, 제이 네 사람은 국어, 수학, 영어, 과학 중에서 서로 다른 한 가지 과목을 좋아합니다. 아래의 조건을 보고 각각 사람들이 좋아하는 과목을 구하세요.

① 상상이의 친구 중 한 명은 과학을 좋아합니다.

② 무우와 상상이는 국어를 싫어합니다.

③ 알알이는 영어를 좋아합니다.

④ 제이는 예전에 과학을 좋아했지만, 지금은 안 좋아합니다.

3 연습문제

01 무우, 상상, 알알, 제이의 나이는 12살, 10살, 6살, 5살 중 하나입니다. 아래의 조건을 보고 4명의 나이를 각각 구하세요.

> 1. 알알이의 나이는 무우 나이의 2배입니다.
> 2. 무우보다 나이가 적은 사람이 있습니다.
> 3. 상상이보다 제이의 나이가 더 많습니다.

02 22명이 배를 타고 강을 건너려고 합니다. 강가에는 최대 5명까지 탈 수 있는 배가 있습니다. 22명 모두 강을 건너기 위해서 최소한으로 배는 강을 몇 번 건너야 할까요? (단, 배를 운전할 사람 한 명이 꼭 있어야 합니다.)

03 1번, 2번, 3번, 4번 선수들이 100m 달리기 시합을 했습니다. 시합에서 1등, 2등, 3등, 4등 한 선수들이 한 명씩 있을 때, 아래와 같이 선수와 관객이 말했습니다. 4명의 선수들의 순위를 각각 구하세요.

> 1번 선수 : "3번 선수가 나보다 바로 앞에 결승선에 들어갔어요."
> 4등 한 선수 : "1번 선수는 3등이 아닙니다."
> 관객 : "선수들의 번호와 등수는 서로 다릅니다."

04 ⓐ, ⓑ, ⓒ 세 상점에서 가방, 옷, 신발 중의 하나씩 서로 다른 물건을 팝니다. 무우, 상상, 알알이는 서로 다른 가게에서 물건을 하나씩 샀을 때, 3명의 친구들이 각각 어느 상점에서 무엇을 샀는지 구하세요.

> 1. 무우는 ⓑ 가게에서 물건을 사지 않았습니다.
> 2. 상상이는 ⓒ 가게에서 물건을 사지 않았습니다.
> 3. ⓑ 가게에서 물건을 산 사람은 옷을 사지 않았습니다.
> 4. 무우는 옷을 사지 않았습니다.
> 5. ⓐ 가게에서는 신발을 팝니다.

05 무우와 상상이는 가위바위보를 10번 했습니다. 아래의 조건을 보고, 무우와 상상이가 각각 몇 번씩 이겼는지 구하세요.

> 1. 무우는 가위 1번, 바위 6번, 보 3번 냈습니다.
> 2. 상상이는 가위 4번, 바위 4번, 보 2번 냈습니다.
> 3. 비기는 경우는 없습니다.
> 4. 무우와 상상이가 가위바위보를 낸 순서는 알 수 없습니다.

06 무우네 학교에는 4개의 반이 있습니다. 4개의 반에는 각각 2명의 계주 선수가 있습니다. 달리기 시합할 때마다 각 반에서 한 명씩 계주 선수가 참가합니다. 아래의 조건과 같이 달리기 시합을 했을 때, 같은 반 친구들이 누구인지 각각 구하세요.

> 1. 첫 번째 달리기 시합에서 무우, 상상, 알알, 제이가 참가했습니다.
> 2. 두 번째 달리기 시합에서 현수, 무우, 미연, 알알이가 참가했습니다.
> 3. 세 번째 달리기 시합에서는 알알, 상상, 하일, 현수가 참가했습니다.
> 4. 수아는 한 번도 달리기 시합에 참가하지 않았습니다.

07 한 마을에 A, B, C, D, E, F, G 7개의 상점이 일주일에 한 번씩 서로 다른 날에 문을 닫는다고 합니다. 아래의 조건에 따라 각 상점이 어느 요일에 문을 닫는지 구하세요.

> 1. F가 문 닫는 날은 G가 문 닫는 날보다 하루 늦습니다.
> 2. E가 문 닫는 날은 D가 문 닫는 날보다 2일 빠릅니다.
> 3. B가 문 닫는 날은 C가 문 닫는 날보다 3일 빠릅니다.
> 4. A가 문 닫는 날은 B와 G가 문 닫는 날의 중앙이고 목요일입니다.

08 강아지 3마리와 각 강아지 주인 3명이 모두 강을 건너려고 합니다. 배는 1명(마리) 또는 2명(마리)이 탈 수 있습니다. 만약 각 강아지가 주인 곁에 없다면 다른 강아지는 그 주인을 공격합니다. 무사히 강을 건너가기 위해 최소한으로 배는 강을 몇 번 건너야 할까요? (단, 배의 뱃사공은 생각하지 않습니다.)

09

A, B, C 세 개의 축구팀이 있습니다. 각 두 팀(A − B, B − C, C − A)이 한 번씩 경기를 하여 모두 세 경기를 치렀습니다. 아래의 경기 결과가 적혀있을 때, 각 팀이 시합한 결과를 점수로 표현하세요.

1. 두 번 경기 중에 A는 한 번 비기고 모두 4개의 골을 넣고 8개의 골을 잃었습니다.
2. 두 번 경기에서 B는 모두 이기고 2개의 골을 잃었습니다.
3. 두 번 경기에서 C는 4개의 골을 넣고 5개의 골을 잃었습니다.

10

천사 6명과 악마 6명이 강을 건너려고 합니다. 어느 장소든 천사의 수보다 악마의 수가 많으면 악마가 천사를 해칩니다. 그러나 천사와 악마의 수가 서로 같으면 아무런 피해가 없습니다. 배는 한 번에 4명까지 탈 수 있을 때, 12명 모두 무사히 강을 건너가기 위해 최소한으로 배는 강을 몇 번 건너야 할까요? (단, 뱃사공은 생각하지 않고 1명 이상 태워야 운행됩니다.)

01 서울에서 부산까지 가는 열차 안에 A, B, C, D, E, F 6명의 승객이 앉아 있습니다. 6명이 각각 서울, 수원, 대전, 대구, 경주, 포항에서 왔을 때, 아래의 조건에 따라 각 승객의 주소와 직업을 구하세요.

> **1.** A와 대전 사람은 의사이고 C와 대구 사람은 교사이고 E와 경주 사람은 군인입니다.
>
> **2.** A, D와 포항 사람은 결혼을 했고, 서울 사람과 경주 사람은 결혼을 안 했습니다.
>
> **3.** B, C와 서울 사람은 같이 부산으로 가고, D와 대전 사람은 같이 포항으로 갑니다.

02 경찰, 범죄자, 사냥꾼, 원숭이, 늑대가 배를 타고 강을 건너려고 합니다. 배의 크기가 작아서 두 사람 또는 한 사람과 동물 한 마리만 탈 수 있습니다. 그런데 경찰이 없으면 범죄자가 사냥꾼을 해치고, 범죄자가 없으면 사냥꾼이 원숭이를 죽이고, 사냥꾼이 없으면 늑대가 원숭이를 잡아먹습니다. 모두 무사히 강을 건너기 위해 배를 최소 몇 번 옮기면 되는지 설명하세요.

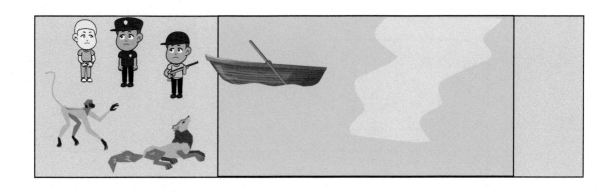

3 심화문제

03

한 쌍의 부부와 딸 2명과 아들 2명, 조련사와 호랑이가 모두 강을 건너려고 합니다. 배는 오직 조련사와 부부만 조종할 수 있을 때, 최대 2명(또는 동물 1마리, 사람 1명)까지 탈 수 있습니다. 만약 엄마가 딸 옆에 없다면 아빠가 딸을 공격하고 아빠가 아들 옆에 없다면 엄마가 아들을 공격합니다. 조련사가 없으면 호랑이는 다른 사람들을 모두 잡아먹습니다. 모두 무사히 강을 건너기 위해 배를 최소 몇 번 옮기면 되는지 설명하세요.

04

A, B, C, D, E, F, G 7명이 모두 서로 한 번씩 가위바위보를 했습니다. 아래의 조건에 따라 G가 이긴 사람은 누구인지 구하세요.

> **1.** E는 5판 이기고 1판은 졌습니다.
> **2.** D는 6판 모두 이겼습니다.
> **3.** G는 한 번만 이기고 무승부는 없습니다.
> **4.** A는 3번 이기고 3번 졌습니다.
> **5.** B는 1판 이기고 1판은 무승부입니다.
> **6.** F는 4판만 이겼습니다.

3 창의적문제해결수학

01 남학생인 무우, 제이와 여학생인 상상, 알알이가 원탁에 둘러앉았습니다. 4명이 좋아하는 운동은 축구, 농구, 야구, 탁구 중 하나이고 서로 좋아하는 운동이 다릅니다. 아래의 조건과 같이 4명의 친구들이 앉아있을 때, 4명의 친구들이 각각 좋아하는 운동을 구하세요.

① 무우는 상상이 옆에 앉았습니다.
② 제이는 탁구를 좋아하는 사람과 마주 보고 앉았습니다.
③ 야구를 좋아하는 사람은 알알이의 왼쪽에 앉았습니다.
④ 축구를 좋아하는 사람의 왼쪽에는 여학생이 앉았습니다.

02
창의융합문제

A, B, C, D, E, F라는 여섯 사람은 6층 호텔의 각 층에 한 사람씩 머무른다고 합니다. 지배인은 여섯 명의 사람들이 각각 몇 층에 머무르는지 구하면 무우와 친구들이 호텔에 무료로 머물 수 있게 해준다고 말했습니다. 과연 무우와 친구들은 각 층에 누가 머무르는지 구할 수 있을까요?

① C는 F보다 한 층 위에 머무릅니다.
② B와 E와 D는 서로 위아래 층에 머물지 않습니다.
③ E는 1층에 머물지 않고 D는 1층과 6층에 머물지 않습니다.
④ B는 C보다 낮은 층에 머물고 F는 A보다 위층에 머무릅니다.

캐나다 동부에서 셋째 날 모든 문제 끝!
나이아가라 폴스로 이동하는 무우와 친구들에게 어떤 일이 일어날까요?

낙타 17마리를 나누는 방법?

옛날에 한 아버지는 삼 형제에게 다음과 같은 유언을 남겼습니다.

"내가 가진 낙타 17마리 중 첫째는 $\frac{1}{2}$을, 둘째는 $\frac{1}{3}$을, 셋째는 $\frac{1}{9}$을 나눠 가지거라."

아버지가 돌아가시고 이 유언을 들은 삼 형제는 깊은고민에 빠졌습니다.

삼 형제는 몇 날 며칠을 고민해도 아버지가 남기신 유언의 답을 찾지 못했습니다.

이러한 삼 형제의 모습을 지켜보던 한 지혜로운 노인이 "내가 가진 한 마리의 낙타를 이용해 17마리의 낙타를 나누어 보라"고 제안했습니다. 노인이 가진 한 마리의 낙타를 더한 18마리의 낙타를 이용해 아버지의 유언에 맞게 17마리의 낙타를 나누는 방법은 다음과 같습니다.

첫째 → 18마리의 $\frac{1}{2}$은 9마리 입니다.

둘째 → 18마리의 $\frac{1}{3}$은 6마리 입니다.

셋째 → 18마리의 $\frac{1}{9}$은 2마리 입니다.

이처럼 17마리가 아닌 18마리를 이용해 삼 형제의 낙타를 나누면 됩니다. 첫째가 가진 9마리, 둘째가 가진 6마리, 셋째가 가진 2마리를 모두 더하면 17마리이므로 18마리를 이용해 낙타를 나누어 가진 후 다시 노인에게 낙타를 돌려주면 됩니다.

4. 창의적으로 생각하기

캐나다 동부
Eastern Canada

나이아가라 폴스

캐나다 동부 넷째 날 DAY 4

무우와 친구들은 캐나다 동부에 가는 넷째 날, <나이아가라 폴스>에
도착했어요. 자, 그럼 <나이아가라 폴스>에서는
무슨 재미난 일이 기다리고 있을지 떠나 볼까요?
즐거운 수학여행 출발~!

4 단원 살펴보기

창의적으로 생각하기

궁금해요 ?

무우의 말을 들은 세 명의 친구들은 멀뚱히 서로를 바라보기만 할 뿐 단 한 명도 무우에게 가지 않았습니다. 이때, 얼굴에 물이 묻은 친구들은 누구이고 왜 무우에게 가지 않았는지 이유를 말해보세요.

1 기발하게 생각하기

1. 쉽게 해결되지 않는 문제는 발상의 전환을 하면 해결할 수 있습니다.

예시문제 1 **3개의 사탕이 들어있는 상자와 3명의 아이들이 있습니다. 3명의 아이들에게 각각 하나씩 사탕을 나눠주면서도 상자 안에 사탕이 남아있게 하는 방법은 무엇일까요?**

풀이 2명의 아이들에게는 상자에서 사탕을 하나씩 꺼내어 주고, 마지막 3번째 아이에게는 사탕을 상자째로 주면 됩니다. 꼭 상자에서 사탕을 꺼내어 줄 필요는 없다는 발상의 전환이 필요한 문제입니다.

예시문제 2 **두 명의 친구와 두 명의 커플이 있습니다. 이들은 모두 빠짐없이 선물을 하나씩 준비했는데, 총 선물의 개수는 3개뿐이었습니다. 어떻게 된 일일까요?**

풀이 모두 빠짐없이 선물을 하나씩 준비했는데 총 선물의 개수가 3개라는 건 세 사람이 있다는 걸 의미합니다. 우리는 두 명의 친구와 두 명의 커플이 있다는 말을 보고 네 사람이 있다고 떠올리기 쉽습니다. 하지만 한 명의 사람이 자신의 친구와 자신의 애인과 있는 상황을 생각해봅니다. 이 상황 역시 두 명의 친구와 두 명의 커플이 있다고 볼 수 있습니다. 따라서 문제의 상황은 한 사람, 그 한 사람의 친구와 애인이 있는 상황입니다.

2. 일반적인 방법을 통해서는 풀리지 않던 문제도 창의적인 방법을 생각해내면 해결이 가능해집니다. 문제를 풀 때 여러 가지 의미를 가진 단어가 주어진 경우 다양한 뜻을 생각해보고, 상황이 주어진 경우엔 여러 가지 상황을 떠올려보도록 합니다.

예시문제 **성냥개비 5개로 원을 만드세요.**

풀이 이 문제는 언뜻 보면 답을 구할 수 없는 문제처럼 느껴집니다. 하지만, 이 문제를 풀이하는 핵심은 원을 도형이 아닌 화폐의 단위 ₩(원)으로 보는 것입니다. 따라서 이 문제의 정답은 5개의 성냥개비를 ₩ 모양으로 나열하는 것입니다.

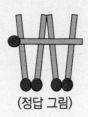

(정답 그림)

정답

무우의 말을 토대로 가능한 모든 상황을 예측해보도록 합니다.

무우가 적어도 두 명의 얼굴엔 물이 튀었다고 했으므로 세 명 중 두 명의 얼굴에만 물이 튀거나, 세 명 모두의 얼굴에 물이 튀는 두 가지 경우가 가능합니다.

1. 세 명 중 두 명의 얼굴에만 물이 튄 경우

만약, 상상이의 얼굴에는 물이 튀지 않고 제이, 알알이의 얼굴에만 물이 튀었다고 가정합니다.

무우의 말을 들은 상상, 제이, 알알이는 서로의 얼굴을 바라볼 것입니다.

① 상상이 : 제이, 알알이의 얼굴에 물이 튄 것을 보고 본인의 얼굴에 물이 튀었는지 여부를 알 수 없습니다.

② 제이와 알알이 : 제이는 상상이와 알알이의 얼굴을, 알알이는 상상이와 제이의 얼굴을 볼 것 입니다.

다시 말하면 두 친구는 물이 튀지 않은 친구의 얼굴과 물이 튄 친구의 얼굴을 동시에 보게 됩니다.

이 경우 제이와 알알이는 본인의 얼굴에 물이 튀었는지 여부를 알 수 있습니다.

이 경우 본인의 얼굴에 물이 튄 것을 알게 되는 친구들이 생기므로 무우에게 가는 친구들이 있어야만 합니다.

하지만 세 명의 친구들이 모두 무우에게 가지 않았다고 했으므로 이 경우는 문제의 상황에 적절하지 않습니다.

(제이, 알알이의 얼굴에 물이 튀지 않은 상황도 같은 방식으로 풀이합니다)

2. 세 명 모두의 얼굴에 물이 튄 경우

무우의 말을 들은 상상, 제이, 알알이는 서로의 얼굴을 바라볼 것입니다.

① 상상이 : 제이, 알알이의 얼굴에 물이 튄 것을 보고 본인의 얼굴에 물이 튀었는지 여부를 알 수 없습니다.

② 제이 : 상상이, 알알이의 얼굴에 물이 튄 것을 보고 본인의 얼굴에 물이 튀었는지 여부를 알 수 없습니다.

③ 알알이 : 상상이, 제이의 얼굴에 물이 튄 것을 보고 본인은 얼굴에 물이 튀었는지 여부를 알 수 없습니다.

이 경우 세 명의 친구 모두 나머지 두 친구의 얼굴을 보고 본인의 얼굴에 물이 튀었는지 아닌지를 알 수 없어 무우에게 갈 수 없습니다. 따라서 세 명 모두의 얼굴에 물이 튄 경우는 문제의 상황에 적절합니다.

문제의 상황은 세 명 모두의 얼굴에 물이 튀었을 때, 세 명 친구들 모두 나머지 친구들의 얼굴을 보고 자신의 얼굴에 물이 튀었는지 아닌지를 알 수 없어 나가지 못한 상황입니다.

1. 기발하게 생각하기

만약 상인이 가진 사탕이 40개라면 상인은 오늘 최대 몇 개의 솜사탕을 만들 수 있을까요?

Step 1 ▌ 사탕의 부스러기는 이용하지 않는다고 할 때, 40개의 사탕을 가지고 만들 수 있는 솜사탕의 개수를 구하세요.

Step 2 ▌ 40개의 사탕을 만들면서 나오는 부스러기로 몇 개의 사탕을 만들 수 있는지 구하세요.

Step 3 ▌ **Step 1** 과 **Step 2** 를 이용해 상인은 오늘 최대 몇 개의 솜사탕을 만들 수 있을지 구하세요.

풀이

📎 **Step 1** 1개의 사탕으로 1개의 솜사탕을 만들 수 있다고 했으므로 40개의 사탕으로는 40개의 솜사탕을 만들 수 있습니다.

📎 **Step 2** 솜사탕 5개를 만들면서 나온 사탕 부스러기로 1개의 솜사탕을 더 만들 수 있다고 했으므로 솜사탕 40개를 만들면서 나온 사탕 부스러기로는 몇 개의 솜사탕을 만들 수 있을지 40을 5로 나누어 구합니다.
40 ÷ 5 = 8에서 몫이 8이므로 8개의 솜사탕을 더 만들 수 있습니다. 하지만 여기서 주의할 점은, 부스러기로 만든 8개의 솜사탕 중 5개의 솜사탕을 만들며 남은 사탕 부스러기로 하나의 솜사탕을 더 만들 수 있다는 것입니다.
따라서 사탕 부스러기를 이용해 만들 수 있는 솜사탕의 개수는 9개입니다.

📎 **Step 3** 오늘 상인이 만들 수 있는 솜사탕의 최대 개수는 📎 **Step 1** 에서 구한 40개와
📎 **Step 2** 에서 구한 9개를 더한 49개입니다.

정답 : 40개 / 9개 / 49개

확인하기 1

한 음료수 가게에서는 6개의 음료수 공병을 가져오면 새 음료수를 하나 준다고 합니다. 이 음료수 가게에서 42개의 음료수 공병을 이용해 최대로 받을 수 있는 새 음료수의 개수를 구하세요.

확인하기 2

한 음료수 가게에서는 6개의 음료수 공병을 가져오면 새 음료수를 두 개 주고, 4개의 음료수 공병을 가져오면 새 음료수를 하나 준다고 합니다. 이 음료수 가게에서 60개의 공병을 이용해 최대로 받을 수 있는 새 음료수의 개수를 구하세요.

2. 발상의 전환

일기예보를 보지 않고 무우의 질문에 대한 답을 찾을 수 있는 방법을 생각하세요.

Step 1 오늘 밤 자정으로부터 72시간 후는 며칠 후인지 찾으세요.

Step 2 "해가 뜬다"의 두 가지 의미를 생각하세요.

Step 3 일기예보를 보지 않고 날씨를 예측할 수 있을지에 대해 고민한 후, 무우의 질문에 대한 답을 이야기하세요.

풀이

🔗 **Step 1** 하루는 24시간이므로 72시간 후는 72 ÷ 24 = 3일 후입니다.

🔗 **Step 2** "해가 뜬다"는 뜻은 날씨가 흐리고 어두웠는데 해가 나면서 좋아졌다는 뜻과 아침이 되어 실제로 해가 뜬다는 두 가지 뜻이 있습니다.

🔗 **Step 3** 일기예보를 보지 않고 3일 후 자정의 날씨를 예측한다는 것은 불가능합니다. 또한, 3일 후 자정은 만약 비가 온다고 하더라도 "자정"은 밤 12시이므로 해가 뜰 수 없습니다.
따라서 오늘 밤 자정으로부터 72시간 후엔 해가 뜨지 않습니다.

정답 : 3일 후 / 풀이 참고 / 풀이 참고

확인하기 1

5는 0보다 강하고 0은 2보다 강하고 2는 5보다 강합니다. 그 이유는 무엇일까요?

확인하기 2

아래를 보고 물음표에 해당하는 알맞은 숫자를 구하세요.

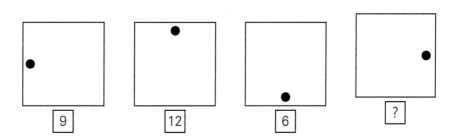

9   12   6   ?

확인하기 3

각 층의 높이가 모두 같은 10층짜리 건물이 있습니다. 이 건물에 10층까지 올라가려면 5층까지 올라가는 시간에 비해 몇 배의 시간이 걸리는지 이야기하세요.

4 연습문제

01 무우, 상상, 제이는 길을 걷던 중 2,000원짜리 복권을 주웠습니다. 그런데 이 복권은 8만원에 당첨된 복권이었습니다. 셋 중 누구도 손해를 보지 않고 돈을 나누는 방법을 구하세요.

02 4와 5 사이에 어떤 수학 기호를 넣으면 4보다는 크고 5보다는 작은 숫자가 만들어집니다. 그 어떤 수학 기호는 무엇일지 이야기하세요.

03 깊이가 20m인 우물 바닥에 달팽이가 떨어졌습니다. 이 달팽이는 하루에 낮 동안 3m를 오르고 밤 동안 2m를 미끄러진다고 합니다. 달팽이가 우물을 끝까지 오르는 데는 며칠이 걸릴지 구하세요.

04 무우네 집 앞 마당의 잔디는 하루에 2배만큼의 양이 자라난다고 합니다. 무우가 잔디를 심고 마당이 전부 잔디로 꽉 차는 데 꼬박 10일이 걸렸다고 할 때, 무우네 집 마당 절반이 잔디로 차 있는 날은 며칠째인지 구하세요.

05 아래의 식 중 두 개만을 움직여 올바른 등식을 만드세요.

$$18 - 14 = 2$$

06 프라이팬을 이용해 식빵을 구우려고 합니다. 식빵의 한 면을 굽는 데는 30초가 걸리고, 프라이팬에는 한 번에 최대 2장까지의 식빵을 올릴 수 있습니다. 이때, 3장의 식빵 양면을 모두 굽기 위해 최소한으로 필요한 시간은 얼마일지 구하세요.

07 무우는 상상이네 집까지 가는데 전체 거리의 절반은 걷는 것보다 15배 빠른 열차를 타고 가고, 나머지 절반은 걷는 것보다 2배 느린 고장 난 마차를 타고 간다고 합니다. 위 경우와 무우가 집에서부터 상상이네 집까지 오직 걸어서 간 경우를 비교해 어떤 경우가 시간을 더 단축할 수 있는지 구하고 그렇게 생각한 이유를 이야기하세요.

08 아래의 육각형 위에 선을 하나 그어서 2개의 삼각형을 만드세요.

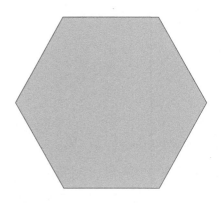

09 아래를 보고 물음표 안에 들어갈 알맞은 숫자를 구하세요.

$$6 - 3 = 3 \quad 7 + 8 = 3 \quad 8 + 9 = ?$$

10 오래전 옛날 손목시계가 없는 시절, 태엽으로 감아야지만 작동하는 벽시계를 가진 한 사람이 있었습니다. 이 사람은 태엽 감는 것을 잊어버려 시계가 멈추었다는 걸 나중에 알게 되었고, 항상 시간이 맞는 벽시계를 가진 친구네 집에 들러 잠시 머무른 후 집에 돌아왔습니다. 이 사람은 간단한 계산을 한 후에 현재 시각을 정확히 맞출 수 있었습니다. 과연 이 사람은 어떤 방법으로 시계를 정확히 맞출 수 있었을까요?

01 아래에는 다섯 개의 짧은 사슬이 있습니다. 이 다섯 개의 짧은 사슬을 이어 하나의 긴 사슬을 만들려고 합니다. 사슬을 끊고, 잇는 횟수를 최소한으로 하려고 할 때, 다섯 개의 짧은 사슬을 이어 하나의 긴 사슬을 만들 수 있는 최소한의 횟수는 몇 번인지 구하세요. (단, 한 번에 여러 개의 고리를 자를 수 없습니다.)

02 세 개의 상자가 있습니다. 첫 번째 상자에는 사과, 두 번째 상자에는 복숭아, 세 번째 상자에는 사과와 복숭아가 함께 들어 있습니다. 이 세 개의 상자에는 '사과', '복숭아', '사과와 복숭아'라고 적힌 라벨이 각각 하나씩 붙어 있는데, 모두 엉뚱한 상자에 붙어 있다고 합니다. 만약 세 개의 상자 중 하나의 상자에서만 하나의 과일을 꺼낼 수 있다고 할 때, 각각의 상자에 어떤 과일이 들어있는지 정확히 맞히기 위해선 어떤 상자에서 과일을 꺼내야 할까요? 또한 나머지 상자에 든 과일도 맞히기 위해선 어떻게 해야 할지 이야기하세요.

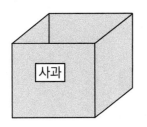  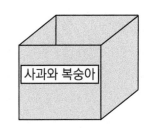

03 아래의 그림에 2개의 정사각형을 그려 9개의 점이 모두 다른 영역 안에 있도록 만드세요.

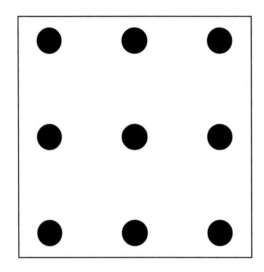

04 400mL와 700mL의 물을 담을 수 있는 두 개의 비커가 있습니다. 이 두 개의 비커를 이용해 정확히 600mL의 물을 만들어 빨간색 컵에 한 번에 옮겨 담으려고 합니다. 두 개의 비커를 이용해 정확히 600mL의 물을 만들 수 있는 방법을 이야기하세요. (단, 물의 양은 충분하며 남은 물을 버릴 수도 있습니다.)

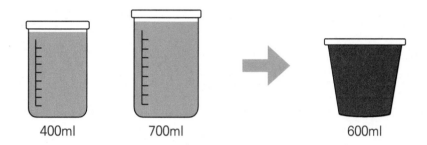

400ml   700ml   600ml

4 창의적문제해결수학

01 무우, 상상, 제이, 알알이는 각각 계절을 타서 서로 만나기가 힘듭니다. 무우는 봄에, 상상이는 여름에, 제이는 가을에, 알알이는 겨울에 계절을 타서 외출을 하지 않는다고 합니다. 이때, 무우, 상상, 제이, 알알 네 사람이 매일 만날 수 있는 방법이 있는지 생각해보고, 만약 있다면 이야기하세요.

02
창의융합문제

무우의 말을 들은 상상, 제이, 알알이는 잠시 머뭇거리다가 동시에 흰색이라고 외쳤습니다. 이때, 친구들의 이마에 붙은 종이 색을 예상해보고 그렇게 생각한 이유를 말하세요.

캐나다 동부에서 넷째 날 모든 문제 끝!
오타와로 이동하는 무우와 친구들에게 어떤 일이 일어날까요?

에너지 효율?

에너지 소비 효율이란?

공급된 에너지에 대한 사용된 에너지의 비를 말합니다.

에너지 소비 효율 등급은 제품의 에너지 소비 효율 또는 에너지 사용량에 따라 1 ~ 5등급으로 구분됩니다. 1등급에 가까울수록 에너지 소비 효율이 높은 제품이며, 에너지 소비 효율이 좋은 제품일수록 같은 기능으로 작동되는 데 쓰이는 에너지 소비량이 적습니다.

이처럼 어떤 제품이 더 효율적으로 에너지를 소비하는 제품인지 한눈에 알아볼 수 있도록 도입된 제도가 '에너지 소비효율 등급표시제도'입니다. 우리는 에너지 소비 효율 등급 라벨을 통해 보다 더 에너지를 절약할 수 있고, 효율적으로 에너지를 소비하는 제품을 쉽게 판단, 구입할 수 있습니다.

이처럼 효율은 우리 일상생활과 깊숙이 연관되어 있습니다.

▲ 효율 등급 라벨

5. 효율적으로 생각하기

캐나다 동부 다섯째 날 DAY 5

무우와 친구들은 캐나다 동부에 가는 다섯째 날, <오타와>에
도착했어요.
자, 그럼 <오타와> 에서는
무슨 재미난 일이 기다리고 있을지 떠나 볼까요?
즐거운 수학여행 출발~!

캐나다 동부
Eastern Canada

오타와

퀘백
토론토 킹스턴
나이아가라 폴스

궁금해요 ?

무우와 친구들이 가장 적은 비용으로 국회의사당까지 가기 위해선 어떤 방법으로 가는 것이 좋을까요?

현 위치 → 경유지 1	4달러
현 위치 → 경유지 2	7달러
현 위치 → 경유지 3	3달러
경유지 1 → 경유지 2	2달러
경유지 3 → 경유지 2	4달러
경유지 2 → 국회의사당	6달러
경유지 3 → 국회의사당	10달러

〈오타와 트램 요금표〉

1 효율적인 선택하기

우리는 종종 일상 생활에서 어떤 선택이 더 효율적일지 계산하는 상황에 놓이게 됩니다.

예시문제 2,000원짜리 물건을 사는데 물건을 4개 구매하면 아무 할인을 받지 못하지만 물건을 5개 이상 구매하면 전체 가격의 20%를 할인해준다고 합니다. 원래 구매하려던 물건의 개수는 4개라고 할 때, 원래대로 4개를 구매하는 것과 할인을 받고 5개를 구매하는 것 중 어떤 선택을 하는게 이익일까요?

풀이 원래대로 4개의 물건을 아무 할인 없이 구매한다면 2,000 × 4 = 8,000원이 필요합니다.

만약 할인을 받기 위해 5개의 물건을 구매한다면 2,000 × 5 = 10,000원에서 20% 금액인 2,000원을 뺀 8,000원이 필요합니다.

4개와 5개의 물건을 구매하는 경우 모두 똑같이 8,000원을 지불해야 합니다. 하지만 물건의 개수가 다르므로 5개를 구매하는 경우가 더 이익이라고 할 수 있습니다.

물건을 같은 개수로 구매하는 경우 더 싼 가격에, 같은 가격으로 구매하는 경우 더 많은 개수의 물건을 받을 수 있는 경우가 더 효율적인 경우입니다.

효율적으로 생각하는 방식은 여러 가지가 있을 수 있습니다.

경로 1(버스) – 비용 : 1,000원, 시간:5분
경로 2(걷기) – 비용 : 0원, 시간:18분

무우네 집에서 학교까지 가는 경로는 다음과 같이 두 가지가 있습니다. 이 두 경로를 '비용' 측면에서 비교해보도록 합니다. '비용' 측면에서 더 효율적인 경로는 비용이 들지 않는 경로 2입니다. 하지만 이 두 경로를 '시간' 측면에서 비교한다면, 시간이 더 짧게 걸리는 경로 1이 더 효율적인 경로가 됩니다.

이처럼 '효율적'이라 함은 비교하고자 하는 기준과 상황에 따라 달라질 수 있습니다. 또는, 두 가지 이상의 요소가 존재하는 대상에 대해 여러 가지 요인을 한꺼번에 고려했을 때 가장 효율적인 대상을 찾는 방법도 존재합니다.

문제의 〈오타와 트램 요금표〉에 주어진 정보를 그림으로 나타내면 아래와 같습니다.

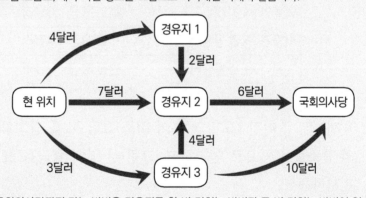

현 위치로부터 국회의사당까지 가는 방법은 경유지를 한 번 거치는 방법과 두 번 거치는 방법이 있습니다.

1. 경유지를 한 번 거치는 방법 (2가지)

현 위치 → 경유지2 → 국회의사당 : 7달러 + 6달러 = 13달러

현 위치 → 경유지3 → 국회의사당 : 3달러 + 10달러 = 13달러

2. 경유지를 두 번 거치는 방법 (2가지)

현 위치 → 경유지1 → 경유지2 → 국회의사당 : 4달러 + 2달러 + 6달러 = 12달러

현위치 → 경유지3 → 경유지2 → 국회의사당 : 3달러 + 4달러 + 6달러 = 13달러

위의 네 가지 경우 중 가장 적은 비용으로 국회의사당까지 갈 수 있는 방법은 경유지1과 경유지2를 거쳐서 가는 방법입니다. 따라서 13달러가 필요한 나머지 방법들과 달리 12달러가 필요한 방법, 즉 최소한의 비용으로 국회의사당까지 갈 수 있는 방법은 현 위치 → 경유지1 → 경유지2 → 국회의사당입니다.

5 대표문제

1. 비용 최소화하기

무우와 친구들이 박물관, 시내, 쇼핑센터를 모두 한 번씩 구경한 후 다시 광장으로 돌아오려고 할 때, 어떻게 표를 구매하는 것이 가장 적은 비용으로 투어 버스에 탑승할 수 있는 방법인지 생각하세요.

〈오타와 투어 버스 요금표〉

광장 ↔ 박물관	편도 요금 : 3달러, 왕복 요금 : 5달러
광장 ↔ 시내	편도 요금 : 2달러 , 왕복 요금 : 3달러
광장 ↔ 쇼핑센터	편도 요금 : 4달러 , 왕복 요금 : 7달러
박물관 ↔ 시내	편도 요금 : 6달러
박물관 ↔ 쇼핑센터	편도 요금 : 4달러
시내 ↔ 쇼핑센터	편도 요금 : 7달러

Step 1 문제에서 주어진 〈오타와 투어 버스 요금표〉를 참고해 버스가 지나가는 대로 다음의 장소들을 선으로 연결하고, 그린 선 옆에 요금을 표시하세요. (왕복 요금은 ( )로 표시하세요)

시내

광장

쇼핑센터　　　　　박물관

Step 2 **Step 1** 을 이용해 가장 적은 비용으로 투어 버스에 탑승하는 방법을 이야기하세요.

Step 1

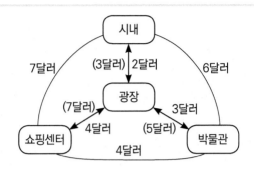

Step 2 광장에서 출발해 세 장소를 모두 거쳐 다시 광장으로 돌아오는 방법은 세 장소 모두 왕복으로 다녀오는 방법, 한 장소를 왕복으로 다녀오고 두 장소를 편도로 거친 뒤 돌아오는 방법, 세 장소를 모두 한 번에 편도로 거친 뒤 돌아오는 세 가지 방법이 있습니다.

① 세 장소 모두 왕복으로 다녀오는 방법

　(광장 ↔ 시내) 3달러 + (광장 ↔ 박물관) 5달러 + (광장 ↔ 쇼핑센터) 7달러 = 15달러

② 한 장소를 왕복으로 다녀오고 두 장소를 편도로 거친 뒤 돌아오는 방법

　ⅰ. (광장 ↔ 시내) 3달러 + (광장 → 박물관) 3달러 + (박물관 → 쇼핑센터) 4달러 + (쇼핑센터 → 광장) 4달러 = 14달러 (박물관과 쇼핑센터 순서가 바뀐 경우도 동일합니다.)

　ⅱ. (광장 ↔ 쇼핑센터) 7달러 + (광장 → 시내) 2달러 + (시내 → 박물관) 6달러 + (박물관 → 광장) 3달러 = 18달러 (시내와 박물관 순서가 바뀐 경우도 동일합니다.)

　ⅲ. (광장 ↔ 박물관) 5달러 + (광장 → 시내) 2달러 + (시내 → 쇼핑센터) 7달러 + (쇼핑센터 → 광장) 4달러 = 18달러 (시내와 쇼핑센터 순서가 바뀐 경우도 동일합니다.)

③ 세 장소 모두를 한 번에 편도로 거친 뒤 돌아오는 방법

　ⅰ. (광장 → 박물관) 3달러 + (박물관 → 시내) 6달러 + (시내 → 쇼핑센터) 7달러 + (쇼핑센터 → 광장) 4달러 = 20달러

　ⅱ. ((광장 → 박물관) 3달러 + (박물관 → 쇼핑센터) 4달러 + (쇼핑센터 → 시내) 7달러 + (시내 → 광장) 2달러 = 16달러

　ⅲ. (광장 → 시내) 2달러 + (시내 → 박물관) 6달러 + (박물관 → 쇼핑센터) 4달러 + (쇼핑센터 → 광장) 4달러 = 16달러

　ⅳ. (광장 → 시내) 2달러 + (시내 → 쇼핑센터) 7달러 + (쇼핑센터 → 박물관) 4달러 + (박물관 → 광장) 3달러 = 16달러

　ⅴ. (광장 → 쇼핑센터) 4달러 + (쇼핑센터 → 박물관) 4달러 + (박물관 → 시내) 6달러 + (시내 → 광장) 2달러 = 16달러

　ⅵ. (광장 → 쇼핑센터) 4달러 + (쇼핑센터 → 시내) 7달러 + (시내 → 박물관) 6달러 + (박물관 → 광장) 3달러 = 20달러

④ 가장 적은 비용으로 투어 버스를 이용할 수 있는 방법은 14달러가 필요한 광장과 시내를 왕복으로 다녀오고 나머지 장소를 편도로 다녀오는 방법입니다.

확인하기 아래의 버스 요금표를 보고 무우네 학교 340명의 학생이 가장 적은 비용으로 버스에 탑승하는 방법을 이야기하세요.

30인승	24만원
20인승	18만원

5 대표문제

2. 시간 최소화하기

아래 지도를 보고, 가장 빠른 시간 안에 모든 장소를 다 둘러보고자 할 때, 모든 장소를 들렀다가 현 위치로 다시 돌아오는데 걸리는 최소 시간을 구하세요.
(단, 다른 장소들은 두 번 이상 지날 수 있지만 현 위치는 두 번 이상 지날 수 없습니다. 또한, 각 장소에 머무르는 시간은 생각하지 않습니다.)

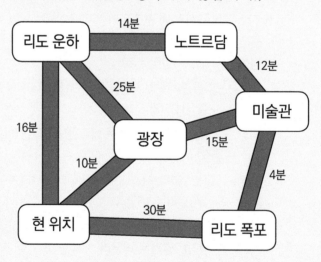

⊘ Step 1 ❙ 모든 장소를 한 번씩만 지나는 방법을 생각해보고, 걸리는 시간을 구하세요.

⊘ Step 2 ❙ 한 장소를 두 번 들르는 방법을 생각해보고, 걸리는 시간을 구하세요.

⊘ Step 3 ❙ ⊘ Step 1 ❙과 ⊘ Step 2 ❙ 중 어떤 방법이 가장 최소 시간이 걸리는지 구하세요.

풀이

∅ Step 1 ▌ 모든 장소를 한 번씩만 지나는 방법을 구합니다.
현 위치 → 광장 → 리도 운하 → 노트르담 → 미술관 → 리도 폭포 → 현 위치
10 + 25 + 14 + 12 + 4 + 30 = 95분

∅ Step 2 ▌ 한 장소를 두 번 들르는 방법을 구합니다. 현 위치와 직접 연결된 길 중 리도 폭포와 연결된 길이 가장 시간이 길므로 최대한 이용하지 않도록 합니다. 또한, 2번 지나가게 되는 길은 가장 시간이 짧은 미술관과 리도 폭포가 연결된 길을 이용합니다.
① 현 위치 → 광장 → 미술관 → 리도 폭포 → 미술관 → 노트르담 → 리도 운하 → 현 위치
10 + 15 + 4 + 4 + 12 + 14 + 16 = 75분

② 현 위치 → 리도 운하 → 노트르담 → 미술관 → 리도 폭포 → 미술관 → 광장 → 현 위치
16 + 14 + 12 + 4 + 4 + 15 + 10 = 75분

∅ Step 3 ▌ 모든 장소를 한 번씩만 들르는 것보다 한 장소(미술관)를 두 번 들르는 방법이 시간이 더 적게 걸리는 것을 알 수 있습니다. 따라서 모든 장소를 들렀다가 다시 현 위치로 돌아오는 데 걸리는 최소 시간은 75분입니다.

정답 : 풀이 과정 참고 / 풀이 과정 참고 / 75분

 확인하기

아래의 지도를 보고 A에서 출발하여 B, C, D, E 네 장소를 모두 한 번씩 들렀다가 다시 A로 돌아오려고 할 때 걸리는 최소 시간을 구하세요.

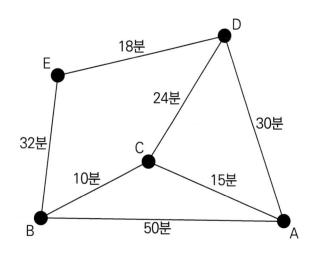

01 무우네 학교 학생 65명이 박물관에 가려고 합니다. 박물관 입장권의 가격은 한 장에 1,200원이고, 5장을 한 번에 구매하면 한 장에 1,100원, 8장을 한 번에 구매하면 한 장에 1,000원으로 할인해 준다고 합니다. 가장 적은 비용으로 무우네 학교 학생 65명이 박물관에 입장하려면 얼마가 필요한지 구하세요.

02 상상이는 운동을 하기 위해 헬스장을 찾았습니다. 이 헬스장에는 운동을 할 수 있는 회원권 A, B, C 세 가지가 있습니다. 상상이는 50일 동안 운동할 수 있는 운동권을 구매하려고 합니다. 이때, 가장 적은 비용으로 50일 동안 운동을 하려면 어떻게 회원권을 구매하는 것이 좋을지 이야기하세요. (단, 운동하는 50일 동안 매일 운동복을 대여해야 합니다.)

	A 회원권	B 회원권	C 회원권
운동이용권	6일권	8일권	15일권
운동복	별도 1일 1,000원	별도 1일 800원	별도 1일 500원
금액	9,000원	12,000원	20,000원

03 아래는 무우네 마을을 간략하게 나타낸 지도입니다. 무우는 마트, 과일가게, 빵집, 쌀집, 문방구를 한 번씩 들러 엄마의 심부름을 끝마쳐야 합니다. 집에서부터 출발하여 모든 심부름을 끝내고 다시 집으로 돌아오려고 할 때, 가장 빠른 시간 안에 심부름을 모두 끝마치고 집으로 돌아오는 데 걸리는 시간을 구하세요. (단, 각 가게에서 머무르는 시간은 생각하지 않습니다.)

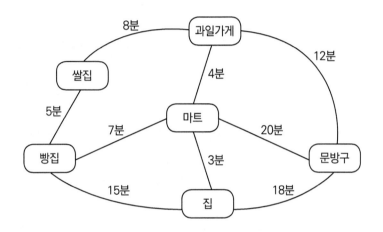

04 제이네 가족 4명은 주말에 가족 여행을 가려고 합니다. 아직 어디로 갈지 여행지를 정하지 못한 제이네 가족은 여행지 목록 중 가장 적은 금액이 드는 여행지로 가려고 합니다. 아래의 표를 참고하여 가장 적은 비용으로 갈 수 있는 여행지는 어디인지 찾고, 총금액이 얼마가 필요한지 구하세요. (단, 여행 동안에는 하루에 세 끼를 모두 먹는다고 가정합니다.)

	A 여행지	B 여행지	C 여행지
숙박 4인 (1박)	15만원	10만원	12만원
교통비 1인 (왕복)	2만원	3만원	4만원
식비 4인 (한 끼 평균)	6만원	4만원	5만원
여행일	2박 3일	3박 4일	2박 3일

05 알알이네 학교 학생 108명은 상상랜드를 가려고 합니다. 상상랜드 자유이용권의 가격은 1명당 15,000원입니다. 또한, 30명이 입장할 수 있는 단체 표를 35만원에, 20명이 입장할 수 있는 단체 표를 25만원에 판매하고 있습니다. 이때, 가장 합리적으로 모든 108명 학생의 자유이용권 표를 구매하는 방법을 이야기하세요.

06 상상이네 가족은 아프신 할머니를 뵙기 위해 최대한 빠르게 시골에 내려가려고 합니다. 상상이네 집에서 시골집까지 내려가는 방법은 A 도로를 따라 30km를 가다가 고속도로를 타고 60km를 가는 방법, A 도로를 따라 50km를 가다가 B 도로를 타고 30km를 가는 방법, 마지막으로 A 도로를 따라 20km를 가다가 C 도로를 타고 45km를 간 후 고속도로를 타고 50km를 가는 방법 세 가지가 있습니다. 아래에 각 도로의 현재 교통 상황이 나와 있다고 할 때, 어떤 방법으로 갈 때 가장 빠른지 찾아보고, 그 방법으로 가면 얼마의 시간이 걸리는지 구하세요.

	A 도로	B 도로	C 도로	고속도로
교통 상황	극심한 정체 (1분에 0.5km)	보통 (1분에 1.5km)	원활 (1분에 3km)	정체 (1분에 1km)

07 특별활동 전시회부 12명의 친구들이 전시회를 보러 가려고 합니다. 전시회의 입장권 가격은 1명당 5,000원이고, 10명이 입장할 수 있는 단체 표의 가격은 40,000원입니다. 또한, 전시회장에 멤버십에 가입되어 있는 사람은 본인과 동반 3인까지 총 4명이 각각 2,000원씩 할인을 받아 3,000원에 전시회를 관람할 수 있다고 합니다. 만약, 전시회부 친구들 중 멤버십에 가입된 친구가 2명이라고 할 때, 가장 적은 금액으로 전시회부 12명의 친구들이 모두 전시회를 관람할 수 있는 방법을 이야기해보고 그때의 총금액을 구하세요.

08 상상이네 반 친구들 20명은 2박 3일 동안 여행을 다녀오려고 합니다. 아래 표에 있는 세 지역 중 비용이 가장 적게 드는 지역을 골라 여행하려고 할 때, 이 친구들이 여행하게 될 지역을 찾아보고 총 드는 비용을 이야기하세요.

	A 지역	B 지역	C 지역
1박 숙박비(5인)	12만원	10만원	15만원
교통비(1인 왕복)	3만원	2만원	2만 5천원
입장료(1인)	8,000원	7,000원	5,000원

※ A 지역은 20명 이상 단체의 경우 입장료를 50% 할인해 줍니다.
※ C 지역은 20명 이상 단체의 경우 전체 숙박 요금에서 1박당 10만원씩 할인해 줍니다.

5 심화문제

01 한 생쥐에게는 네 개의 치즈 창고가 있습니다. 네 개의 치즈 창고를 모두 관리하기 힘들었던 생쥐는 네 치즈 창고에 있는 치즈를 한 치즈 창고로 모아 하나의 치즈 창고만을 남기려고 합니다. 아래의 그림을 참고하여 어떤 치즈 창고를 남기는 것이 가장 운송량을 적게 하는 방법일지 찾으세요. (단, 치즈의 개수와 무게는 비례하고 거리와 치즈 무게의 곱으로 운송량을 계산합니다.)

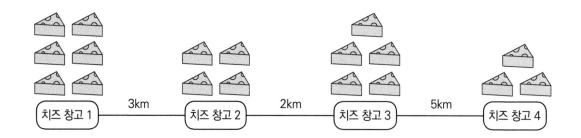

02

한 여행가가 9박 10일 동안 여행을 떠나려고 합니다. 출발지부터 여행지까지 이동하는 방법은 경유지 1을 거치는 방법과, 경유지 2를 거치는 방법 두 가지가 있습니다. 이때, 가장 효율적으로 여행지까지 가는 방법을 찾으세요. (단, 더 효율적인 방법은 금액과 시간의 곱이 더 작은 방법입니다.)

출발지 → 경유지 1

	대여비 or 요금	이동 시간
자전거	대여비 1,000원	1시간
버스	요금 2,800원	30분

경유지 1 → 여행지

	요금	이동 시간
기차 1	7,500원	3시간20분
기차 2	14,000원	2시간

출발지 → 경유지 2

	대여비 or 요금	이동 시간
택시	18,000원	30분
지하철	2,400원	1시간 20분

경유지 2 → 여행지

	요금	이동 시간
버스	11,000원	2시간
기차	13,500원	1시간 30분

5 창의적문제해결수학

01 한 초콜릿 회사는 두 개의 새로운 초콜릿 공장을 지었습니다. 기존에 있던 A 공장의 기계 4대와 B 공장의 기계 6대를 옮겨 새로 지은 두 공장에 옮겨다 놓으려고 합니다. 새로 지은 두 개의 공장은 각각 C 공장과 D 공장이며, C 공장에는 기계 3대가 필요하고 D 공장에는 기계 7대가 필요합니다. 각 공장 간 운송비가 적힌 아래의 표를 참고하여 가장 적은 비용으로 각 공장에 기계를 옮겨 놓는 방법을 찾고, 그때 총운송비를 구하세요.

	A 공장	B 공장
C 공장	70만원	120만원
D 공장	80만원	150만원

02
창의융합문제

무우와 친구들은 미술관이 문을 닫을 때까지 미술관을 구경하려고 합니다. 아래의 지도를 보고 입구에서 출발하여 가장 적은 시간으로 전시관 3곳을 관람하고 다시 입구로 돌아올 수 있는 방법을 찾고, 총관람에 걸리는 시간을 구하세요.

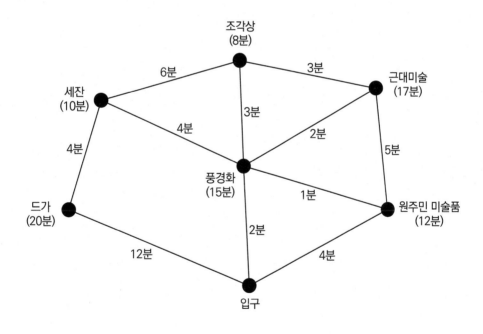

캐나다 동부에서 다섯째 날 모든 문제 끝!
몬트리올로 이동하는 무우와 친구들에게 어떤 일이 일어날까요?

최소 공배수 ?

서로 맞물려 회전하는 두 개의 톱니바퀴가 있습니다. 작은 톱니바퀴 톱니의 개수는 8개, 큰 톱니바퀴 톱니의 개수는 12개입니다. 두 톱니바퀴가 처음 맞물려 회전하기 시작하여 처음으로 다시 같은 톱니에서 맞물리게 되는 것은 언제일까요?

☞ 작은 톱니바퀴의 경우 8개의 톱니가 움직이면 한 바퀴, 큰 톱니바퀴의 경우 12개의 톱니가 움직이면 한 바퀴를 돌게 됩니다.

작은 톱니바퀴 : 8, 16, ㉔ 32, …

큰 톱니바퀴 : 12, ㉔ 36, 48, …

작은 톱니바퀴가 3바퀴를 돌아 톱니 24개를 움직이고, 큰 톱니바퀴가 2바퀴를 돌아 톱니 24개를 움직이면 다시 처음 시작했던 톱니에서 맞물리게 됩니다.

이때, 24는 8과 12의 공통배수 중 가장 작은 '최소공배수'입니다.

6. 나머지 문제

캐나다 동부 여섯째 날 DAY 6

캐나다 동부
Eastern Canada

무우와 친구들은 캐나다 동부에 가는 여섯째 날, <몬트리올>에
도착했어요.
자, 그럼 <몬트리올>에서는
무슨 재미난 일이 기다리고 있을지 떠나 볼까요?
즐거운 수학여행 출발~!

궁금해요 ?

상인이 가진 쿠폰의 개수와 모인 사람들의 인원수를 구하세요.

1 남거나 모자라거나

하나의 숫자를 서로 다른 두 개의 값으로 나눴을 때 어떤 경우는 잘 나누어떨어질 수도, 어떤 경우는 나머지가 있을 수도, 어떤 경우는 모자람이 있을 수도 있습니다. 이렇게 서로 다른 나머지 혹은 모자람을 가지는 경우를 세 가지 유형으로 분류해 풀이합니다.

1. 두 번 모두 나머지가 생기는 경우

예시문제1 가진 사탕을 친구들에게 나누어 주려고 합니다. 1명당 7개씩 나눠주면 1개가 남고, 1명당 6개씩 나눠주면 5개가 남는다고 할 때, 사탕의 총개수와 친구들은 모두 몇 명인지 구하세요.

풀이1 일정한 수의 사람들에게 A개씩 나눠주면 a개가 남고, B개씩 나눠주면 b개가 남습니다. 이때 사람들의 인원수는 다음 식을 이용해 구합니다.

(a와 b의 차) ÷ (A와 B의 차) = 인원수

예 (5-1) ÷ (7-6) = 4명
∴ 사탕의 개수는 7 × 4 + 1 = 29개 또는 6 × 4 + 5 = 29개

2. 한 번은 나머지가, 한 번은 모자람이 생기는 경우

예시문제2 가진 사탕을 친구들에게 나누어 주려고 합니다. 1명당 7개씩 나눠주면 1개가 남고, 1명당 8개씩 나눠주려면 3개가 모자란다고 할 때, 사탕의 총개수와 친구들은 모두 몇 명인지 구하세요.

풀이2 일정한 수의 사람들에게 A개씩 나눠주면 a개가 남고, B개씩 나눠주려면 b개가 모자랍니다. 이때 사람들의 인원수는 다음식을 이용해 구합니다.

(a와 b의 합) ÷ (A와 B의 차) = 인원수

예 (1 + 3) ÷ (8-7) = 4명
∴ 사탕의 개수는 8 × 4 – 3 = 29개 또는 7 × 4 + 1 = 29개

3. 두 번 모두 모자람이 생기는 경우

예시문제3 가진 사탕을 친구들에게 나누어 주려고 합니다. 1명당 8개씩 나눠주려면 3개가 모자라고, 1명당 9개씩 나눠 주려면 7개가 모자란다고 할 때, 사탕의 총개수와 친구들은 모두 몇 명인지 구하세요.

풀이3 일정한 수의 사람들에게 A개씩 나눠주려면 a개가 모자라고, B개씩 나눠주려면 b개가 모자랍니다. 이때 사람들의 인원수는 다음식을 이용해 구합니다.

(a와 b의 차) ÷ (A와 B의 차) = 인원수

예 (7-3) ÷ (9-8) = 4명
∴ 사탕의 개수는 8 × 4 – 3 = 29개 또는 9 × 4 – 7 = 29개

예시 두 개 이상의 수가 있을 때 이 숫자들 사이에 공통되는 배수를 공배수라고 부릅니다. 또한, 공배수 중 가장 작은 값을 최소공배수라 합니다.

예 16과 24의 최소공배수
16의 배수 : 16, 32, ㉘, 64, 80, ⋯ 24의 배수 : 24, ㉘, 72, 96, 120, ⋯
➡ 16과 24의 최소공배수는 48입니다.

정답 문제의 상황은 하나의 숫자를 서로 다른 두 개의 값으로 나눴을 때 한 번은 나머지가, 한 번은 모자람이 생기는 경우입니다. 이 경우는 남거나 모자라거나의 ②번 경우에 해당하며, 사탕의 개수를 쿠폰의 개수로 생각하여 풀이합니다.

1. 쿠폰의 개수를 구하기에 앞서 인원수부터 구합니다.

인원수 = (두 경우 나머지와 모자람의 합) ÷ (두 경우 쿠폰을 한 사람당 '몇 개'씩 나눠 주려고 했는지에서 '몇 개'의 차)
= (8 + 6) ÷ (10 – 8) = 14 ÷ 2 = 7명

따라서 쿠폰을 받기 위해 모인 사람들의 인원수는 7명입니다.

2. 상인이 가진 쿠폰의 개수는 아래 두 식 중 하나를 이용해 구하면 됩니다.

(10 × 7) – 8 = 62장 또는 (8 × 7) + 6 = 62장

따라서 상인이 가진 쿠폰의 개수는 62장입니다.

정답 : 쿠폰의 개수 62장, 모인 사람 수 7명

6 대표문제

1. 남거나 모자람의 문제

다음 퀴즈 중 하나 이상의 답을 맞힌 사람은 박물관을 무료로 입장할 수 있다고 합니다. 과연 무우와 친구들은 퀴즈의 답을 맞히고 박물관에 무료로 입장할 수 있을까요?

> 과일 한 개의 가격이 사과는 70센트, 오렌지는 1달러, 복숭아는 80센트이고 가진 돈은 일정하다고 할 때, 다음 두 개의 질문에 답 하세요. (단, 100센트 = 1달러)
>
> 1. 사과를 □개 사면 2달러가 남고 오렌지를 □개 사면 50센트가 남는다고 합니다. 이때 □에 들어갈 알맞은 숫자를 구하세요.
>
> 2. 복숭아를 △개 사려면 10센트가 모자라고 사과를 △개 사면 60센트가 남는다고 합니다. 이때 △에 들어갈 알맞은 숫자를 구하세요.

Step 1 사과와 오렌지 가격의 차이, 사과와 오렌지를 구매하고 남은 금액의 차이를 이용해 □에 들어갈 알맞은 숫자를 구하세요.

Step 2 복숭아와 사과 가격의 차이, 복숭아를 사기 위해 모자란 금액과 사과를 사고 남은 금액의 합을 이용해 △에 들어갈 알맞은 숫자를 구하세요.

풀이

◦ Step 1 ▮ 사과와 오렌지 가격의 차이는 1달러(=100센트) – 70센트 = 30센트입니다.

사과와 오렌지를 구매하고 남은 금액의 차이는 2달러(=200센트) – 50센트 = 150센트입니다.

사과와 오렌지를 구매하고 남은 금액의 차이를 가격의 차이로 나눠주면 구매하고자 하는 과일의 개수인 □를 구할 수 있습니다. □ = 150센트 ÷ 30센트 = 5개

따라서 □에 들어갈 알맞은 숫자는 5입니다.

◦ Step 2 ▮ 복숭아와 사과 가격의 차이는 80센트 – 70센트 = 10센트입니다.

복숭아를 사기 위해 모자란 금액과 사과를 사고 남은 금액의 합은 10센트 + 60센트 = 70센트입니다.

복숭아를 사기 위해 모자란 금액과 사과를 사고 남은 금액의 합을 가격의 차이로 나눠주면 구매하고자 하는 과일의 개수인 △를 구할 수 있습니다. △ = 70센트 ÷ 10센트 = 7개

따라서 △에 들어갈 알맞은 숫자는 7입니다.

정답 : 5, 7

확인하기 1

선생님은 반 아이들에게 공책을 나눠주려고 합니다. 한 명당 2권씩 나눠주면 28권이 남고, 한 명당 4권씩 나눠주려면 20권이 모자랍니다. 반 아이들은 몇 명인지 구하고 선생님이 가진 공책의 개수를 구하세요.

확인하기 2

상상이는 가지고 있는 연필을 반 친구들에게 나눠주려고 합니다. 한 명당 5개씩 나눠주려면 17개가 모자라고, 한 명당 4개씩 나눠주려면 2개가 모자랍니다. 반 친구들은 몇 명인지 구하고 상상이가 가진 연필의 개수를 구하세요.

6 대표문제

2. 나머지와 나누어지는 수

무우와 친구들은 문제의 정답을 맞히고 솜사탕을 무료로 먹을 수 있을까요?

> 주머니에 들어있는 사탕을 조금씩 나누어 포장하려고 합니다. 그런데 12개씩 포장해도 2개의 사탕이 남고 15개씩 포장해도 2개의 사탕이 남았습니다. 주머니에 들어있을 수 있는 사탕 개수의 최솟값은 얼마일까요?

Step 1 12개씩 포장해도 남는 사탕이 없고, 15개씩 포장해도 남는 사탕이 없이 딱 나누어 떨어지는 경우 사탕 개수의 최솟값은 얼마인지 구하세요.

Step 2 Step 1 에서 구한 값을 이용해 문제의 답을 구하세요.

풀이

🔎 Step 1 ┃ 12개씩 포장해도 남는 사탕이 없고, 15개씩 포장해도 남는 사탕이 없이 딱 나눠떨어지기 위해선 사탕의 개수가 12와 15의 공배수이어야만 합니다. 문제에서는 사탕 개수의 최솟값을 물었으므로 12와 15의 최소공배수를 구합니다.

12의 배수 : 12, 24, 36, 48, ⑥⓪, …
15의 배수 : 15, 30, 45, ⑥⓪, 75, …
12와 15의 최소공배수는 60입니다.

🔎 Step 2 ┃ 🔎 Step 1 ┃ 에서 구한 12와 15의 최소공배수를 이용해 풀이합니다.

12나 15로 나눴을 때 항상 나머지가 2가 나오는 수는 12나 15로 나눴을 때 항상 나누어떨어지는 수를 먼저 구한 후, 2를 더해 주면 됩니다.

예를 들어 2와 3으로 나눴을 때 항상 나머지가 1이 나오는 수는 2와 3의 최소공배수인 6에 1을 더한 7입니다.

➡ 7 ÷ 2 = 3 ⋯ 1, 7 ÷ 3 = 2 ⋯ 1

따라서 12와 15의 최소공배수는 60이므로, 12로 나누어도 2가 남고 15로 나누어도 2가 남는 최솟값은 60 + 2 = 62개입니다.

정답 : 60개 / 62개

 확인하기 1

상자에는 구슬이 여러 개 들어있습니다. 구슬을 6개씩 꺼내어도 1개가 남고, 8개씩 꺼내어도 마지막엔 꼭 1개가 남는다고 할 때, 상자 안에 들어있을 수 있는 구슬 개수의 최솟값을 구하세요.

 확인하기 2

5로 나누어도 2가 남고, 7로 나누어도 2가 남는 두 자리 자연수를 모두 구하세요.

6 연습문제

01 한 빵집에서는 마감 시간이 다가오면 그날 팔리지 않고 남은 빵들을 하나로 묶어 재포장해 저렴한 가격에 판매합니다. 빵 4개를 하나로 묶어 재포장하면 2개의 빵이 남고, 빵을 하나씩 더 넣어 재포장하려면 8개의 빵이 부족하다고 합니다. 남은 빵의 개수를 구하세요.

02 스승의 날을 기념해 반 친구들은 돈을 모아 담임 선생님의 선물을 사려고 합니다. 한 명당 5,000원씩을 모으면 2,000원이 남고, 한 명당 4,000원씩을 모으면 12,000원이 모자랍니다. 반 친구들은 모두 몇 명인지 구하고 선물의 가격은 얼마인지 구하세요.

03 상상이는 친구들에게 줄 쿠키를 상자에 포장하고 있습니다. 현재 가지고 있는 상자의 개수에서 한 개의 상자를 더 쓰면 한 상자당 5개의 쿠키를 담을 수 있고, 한 개의 상자를 덜 쓰면 한 상자당 7개의 쿠키를 담을 수 있다고 합니다. 상상이가 가진 쿠키의 개수는 모두 몇 개인지 구하세요.

04 한 봉사자는 보육원 아이들에게 나눠줄 간식을 몇 상자 준비했습니다. 한 상자에는 간식이 10개씩 들어있습니다. 아이 한 명당 6개의 간식을 나눠주려면 4개가 모자라고, 아이 한 명당 4개의 간식을 나눠주면 44개가 남습니다. 아이들은 모두 몇 명인지 구하고 봉사자가 준비한 간식 상자는 모두 몇 개인지 구하세요.

05 무우는 친구들에게 선물하기 위해 초콜릿을 여러 개 구입했습니다. 초콜릿을 여러 개씩 묶어 포장하려고 하는데, 5개씩 포장해도 2개가 남고 8개씩 포장해도 2개가 남습니다. 무우가 가진 초콜릿 개수의 최솟값을 구하세요.

06 어떤 수를 26으로 나누려고 합니다. 어떤 수 중에서 26으로 나누었을 때 몫과 나머지가 같아지는 가장 큰 수는 얼마인지 구하세요.

07 어느 정육점에서는 고기 한 근(600g)을 3,000원에 팔면 24,000원의 손해를 보고, 8,000원에 팔면 36,000원의 이익을 본다고 합니다. 이익이나 손해 없이 고기를 판매하려면 고기 한 근의 가격을 얼마로 정해야 하는지 구하세요.

08 아래의 조건을 모두 만족하는 수는 모두 몇 개인지 구하세요.

> 조건
>
> 1. 500보다 작은 세 자리 자연수입니다.
> 2. 34로 나눴을 때 몫과 나머지가 같습니다.

09 무우네 반 친구들은 조별 활동을 위해 다 같이 모여 조를 짜기 시작했습니다. 선생님이 대략적으로 짜주신 조에서 조를 2개 늘린다면 한 조당 4명의 조원들이 있게 되고, 조를 2개 줄인다면 한 조당 8명의 조원들이 있게 됩니다. 무우네 반 친구들은 모두 몇 명인지 구하세요.

10 어느 날 무우는 동아리 친구들 8명에게 모두 똑같은 개수로 사탕을 나눠 주고 12개의 사탕이 남았습니다. 다음 날 어제와 같은 개수의 사탕을 가져온 무우는 어제와 똑같이 친구들에게 사탕을 나눠주고 있었는데 어제는 오지 않았던 2명의 친구가 더 와서 총 10명의 친구들에게 사탕을 나눠주게 되었습니다. 그랬더니 어제는 12개가 남았던 사탕이 오늘은 4개밖에 남지 않았습니다. 무우가 오늘 가져온 사탕의 총개수와 한 사람 당 받은 사탕의 개수를 구하세요.

6 심화문제

01   아래 두 문제에 대한 알맞은 답을 각각 구하세요.

> 1. 어떤 자연수를 8로 나누면 5가 남고, 10으로 나누면 7이 남는다고 합니다.
>   어떤 자연수로 가능한 수 중 가장 작은 수를 구하세요.
>
> 2. 어떤 자연수로 40을 나누면 2가 남고, 60을 나누면 3이 남는다고 합니다.
>   1이 아닌 어떤 자연수를 구하세요.

02   며칠 전 반장선거를 통해 반장으로 당선된 무우는 반 아이들에 대한 고마움의 표시로 빵을 돌리려고 합니다. 그런데 그동안 모은 용돈을 가지고 빵집에 가던 무우는 가는 길에 1,000원짜리 지폐 네 장을 잃어버리고 말았습니다. 원래는 1개에 1,200원인 빵을 친구들 명수대로 구입하고 1,400원을 남길 예정이었는데, 돈을 잃어버리는 바람에 대신 1개에 900원인 빵을 구입하고 2,800원을 남겼습니다. 무우가 처음에 가지고 있던 용돈은 얼마인지 구하세요.

03 한 상자에는 오렌지와 사과가 여러 개씩 있습니다. 오렌지 1개와 사과 1개씩을 오렌지가 하나도 없을 때까지 꺼내면 사과 40개가 남습니다. 또한 오렌지 1개와 사과 3개씩을 사과가 하나도 없을 때까지 꺼내면 오렌지 20개가 남습니다. 상자에 들어있는 오렌지와 사과의 개수를 구하세요.

04 어느 주스 가게에서는 오늘 만든 과일 주스를 여러 개의 병에 옮겨 담으려고 합니다. 한 병에 1.5L씩 담으면 주스 5L가 남고, 한 병에 2L씩 담으면 병 2개가 남는다고 합니다. 오늘 만든 주스의 양은 총 몇 L인지 구하고 병의 개수는 모두 몇 개인지 구하세요.

6 창의적문제해결수학

01 제이는 매일 아침 8시 30분까지 학교에 등교해야 합니다. 제이가 1분에 50m를 가면 4분을 지각하고, 1분에 80m를 가면 5분 일찍 학교에 도착한다고 합니다. 제이의 집에서부터 학교까지의 거리를 구하고 제이가 집에서 출발한 시각은 아침 몇 시 몇 분인지 구하세요.

02
창의융합문제

무우와 친구들은 한국에 있는 친구들에게 편지를 쓰려고 합니다. 편지지와 편지 봉투가 여러 장씩 있는데 편지 봉투 하나에 편지지 2장을 사용하면 편지지 6장이 남고, 편지 봉투 하나에 편지지 3장을 사용하면 편지 봉투 2장이 남는다고 합니다. 무우와 친구들이 가진 편지지와 편지 봉투는 모두 몇 장인지 구하세요.

캐나다 동부에서 여섯째 날 모든 문제 끝!
파리로 이동하는 무우와 친구들에게 어떤 일이 일어날까요?

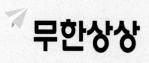

창 의 영 재 수 학

아이앤아이

정답 및 풀이

중급
초등 4~6학년

F

문제해결력
캐나다 동부편

무한상상

Imagine Infinite!

창의영재수학

아이앤아이

정답 및 풀이

중급 초등 4~6학년 F 문제해결력 캐나다 동부편

1. 논리 추리

대표문제1 확인하기 .... P. 13

[정답] C

[풀이 과정]

① 아래 표와 같이 A가 거짓일 경우 나머지 B, C가 주장한 말을 참으로 생각합니다. 아래 표에서 B가 주장한 말에서 A가 수학 문제를 푼 사람이라고 합니다. 하지만 C도 자신만 수학 문제를 풀었다고 주장합니다.
이는 B와 C의 주장한 말에 논리적으로 모순이 생깁니다. 따라서 A의 주장은 거짓이 아닙니다.

	참	거짓	조건에 맞춘 의미
A		O	나는 수학 문제를 풀었어.
B	O		수학 문제를 푼 사람은 A가 맞아!
C	O		나만 수학 문제를 풀었어!

② 아래 표와 같이 B가 거짓일 경우 나머지 A, C가 주장한 말을 참으로 생각합니다. 아래 표에서 A가 주장한 말에서 자신은 수학 문제를 못 풀었다고 했습니다. B가 주장한 말에서도 수학 문제를 푼 사람은 A가 아니라고 합니다.
C가 말한 자신만 수학 문제를 풀었다는 주장이 논리적으로 성립합니다.
따라서 B의 주장이 거짓일 때, 수학 문제를 푼 사람은 C입니다.

	참	거짓	조건에 맞춘 의미
A	O		나는 수학 문제를 풀지 못했어.
B		O	수학 문제를 푼 사람은 A가 아니야!
C	O		나만 수학 문제를 풀었어!

③ 아래 표와 같이 C가 거짓일 경우 나머지 A, B가 주장한 말을 참으로 생각합니다. 아래 표에서 A는 자신이 수학 문제를 못 풀었다고 했습니다. 하지만 B는 "수학 문제를 푼 사람은 A가 맞다."라고 합니다. 이는 A와 B의 주장한 말에 논리적으로 모순이 생깁니다.
따라서 C의 주장은 거짓이 아닙니다.

	참	거짓	조건에 맞춘 의미
A	O		나는 수학 문제를 풀지 못했어.
B	O		수학 문제를 푼 사람은 A가 맞아!
C		O	나만 수학 문제를 풀지 못했어!

④ 위 ②에서 B의 주장이 거짓일 경우 나머지 A, C가 주장한 말은 논리적으로 모두 참임을 만족합니다.
따라서 수학 문제를 푼 사람은 C입니다. (정답)

대표문제2 확인하기 1 .... P. 15

[정답] 4월

[풀이 과정]

① 아래 (표 1)은 A, B, C가 참말을 하는 달과 거짓말을 하는 달을 나타냈습니다. (표 1)을 참고하여 A가 참말을 했다면, 이번 달에 해당하는 달은 5월부터 12월까지입니다.
아래 (표 2)처럼 A가 한 말에 따라 이번 달은 1월이어야 합니다. 하지만 상상이가 참말을 하는 달에 1월이 없으므로 모순이 생깁니다.
따라서 A는 거짓말을 했습니다.

	거짓말	참말
A	1, 2, 3, 4월	5, 6, 7, 8, 9, 10, 11, 12월
B	5, 6, 7, 8월	1, 2, 3, 4, 9, 10, 11, 12월
C	9, 10, 11, 12월	1, 2, 3, 4, 5, 6, 7, 8월

(표 1)

	참말	거짓	해당하는 달	한 말
A		O	5, 6, 7, 8, 9, 10, 11, 12월	저번 달에는 크리스마스가 있었네.

(표 2)

② (표 1)을 참고하여 A가 거짓말을 했다면, 이번 달에 해당하는 달은 1, 2, 3, 4월입니다. B와 C는 1, 2, 3, 4에 모두 참말만을 합니다.
아래 (표 3)처럼 B가 한 말은 참말이고 C가 한 말도 참말이므로 이번 달이 4월입니다.

	참말	거짓	해당하는 달	한 말
A		O	1, 2, 3, 4월	저번 달에는 크리스마스가 있었네.
B	O			다음 달에는 어린이날이 있어.
C	O			이번 달은 30일까지 있네.

(표 3)

③ 따라서 A가 거짓말을 하여 이번 달은 4월입니다. (정답)

대표문제2 확인하기 2 .... P. 15

[정답] B, D

[풀이 과정]

① 아래 (표 1)과 같이 A가 참말족이라면 B는 거짓말족입니다. B가 주장한 말에서 C는 거짓말족이 됩니다. 거짓말족인 C로 인해 D도 거짓말족이 됩니다. D가 주장한 말은 거짓말이므로 A와 같은 족이어야 하는데 A는 참말족이고 D는 거짓말족이므로 서로 모순이 생깁니다.
따라서 A는 참말족이 아닙니다.

	참말족	거짓말족	조건에 맞춘 의미
A	O		B는 거짓말족입니다.
B		O	A와 C는 서로 다른 족입니다.
C		O	B와 D는 서로 같은 족입니다.
D		O	나는 A와 같은 족입니다.

(표 1)

② 아래 (표 2)와 같이 A가 거짓말족이라면 B는 참말족입니다. B가 주장한 말에서 C는 거짓말족이 됩니다. 거짓말족인 C로 인해 D는 참말족입니다. D가 주장한 말은 참말이므로 거짓말족인 A와 참말족인 D는 서로 다른 족이 맞습니다.

	참말족	거짓말족	조건에 맞춘 의미
A		O	B는 참말족입니다.
B	O		A와 C는 서로 같은 족입니다.
C		O	B와 D는 서로 같은 족입니다.
D	O		나는 A와 다른 족입니다.

(표 2)

③ 따라서 참말족인 사람은 B와 D입니다. (정답)

연습문제 **01** ·········· P. 16

[정답] A = 선생님, B = 착한 학생, C = 나쁜 학생

[풀이 과정]

① 아래 표와 같이 각 A, B, C가 말한 내용을 착한 학생, 나쁜 학생, 선생님일 경우 나눠서 참과 거짓을 구별합니다.
착한 학생의 경우 A와 C가 말한 내용은 거짓말이 됩니다. 착한 학생은 반드시 참말만 하므로 B입니다.
나쁜 학생의 경우 A와 B가 말한 내용은 참말이 됩니다. 나쁜 학생은 반드시 거짓말만 하므로 C가 나쁜 학생입니다.
선생님의 경우 참말과 거짓말을 둘 다 할 수 있습니다.
따라서 B와 C는 각각 착한 학생, 나쁜 학생이므로 나머지 A는 참말을 한 선생님입니다.

	착한 학생	나쁜 학생	선생님
A : 나는 착한 학생이 아닙니다.	거짓	참	참
B : 나는 선생님이 아닙니다.	참	참	거짓
C : 나는 착한 학생도 나쁜 학생도 아닙니다.	거짓	거짓	참

② 따라서 A는 선생님, B는 착한 학생, C는 나쁜 학생입니다. (정답)

연습문제 **02** ·········· P. 16

[정답] 상상이

[풀이 과정]

① 아래 표와 같이 무우가 참일 경우 나머지 친구들이 예상한 말을 거짓으로 바꿔서 생각합니다. 아래 표에서 제이의 예상에서 무우가 한 말은 참말이라고 합니다. 무우가 참말을 하고 있으므로 논리적으로 만족합니다. 알알이는 상상이

가 이벤트에 당첨되었다고 하고 상상이는 제이는 당첨되지 않았다고 했으므로 최종적으로 이벤트에 당첨된 사람은 상상이입니다.

	참	거짓	조건에 맞춘 의미
무우	O		나는 이벤트에 당첨되지 않았어!
알알		O	상상이는 이벤트에 당첨되었어!
제이		O	무우가 한 말은 참말이야!
상상		O	제이는 이벤트에 당첨되지 않았어!

② 아래 표와 같이 알알이가 참일 경우 나머지 친구들이 예상한 말을 거짓으로 바꿔서 생각합니다. 밑의 표에서 제이는 "무우가 한 말은 참말이야!"라고 합니다. 하지만 무우의 말은 거짓입니다. 무우와 제이의 말에 논리적으로 모순이 생깁니다. 따라서 알알이의 말은 참이 아닙니다.

	참	거짓	조건에 맞춘 의미
무우		O	나는 이벤트에 당첨되었어!
알알	O		상상이는 이벤트에 당첨되지 않았어!
제이		O	무우가 한 말은 참말이야!
상상		O	제이는 이벤트에 당첨되지 않았어!

이와 마찬가지로 아래 표와 같이 상상이가 참일 경우 무우와 제이의 말에서 서로 모순이 생기고, 당첨자가 여러 명이어서 상상이의 말은 참이 아닙니다.

	참	거짓	조건에 맞춘 의미
무우		O	나는 이벤트에 당첨되었어!
알알		O	상상이는 이벤트에 당첨되었어!
제이		O	무우가 한 말은 참말이야!
상상	O		제이는 이벤트에 당첨되었어!

③ 아래 표와 같이 제이가 참일 경우 나머지 친구들이 예상한 말을 거짓으로 바꿔서 생각합니다. 아래 표에서 무우는 자신이 당첨되었다고 합니다. 하지만 알알이의 말에서 상상이가 이벤트에 당첨되었다고 합니다. 4명의 친구 중에서 1명만 이벤트에 당첨되므로 두 명이 당첨되었다는 말은 논리적으로 모순이 생깁니다.
따라서 제이의 말은 참이 아닙니다.

	참	거짓	조건에 맞춘 의미
무우		O	나는 이벤트에 당첨되었어!
알알		O	상상이는 이벤트에 당첨되었어!
제이	O		무우가 한 말은 거짓말이야!
상상		O	제이는 이벤트에 당첨되지 않았어!

④ 무우의 말이 참일 경우 나머지 친구들의 예상은 논리적으로 모두 거짓임이 만족합니다.
따라서 이벤트에 당첨된 사람은 상상이입니다. (정답)

1 정답 및 풀이

[정답] 거짓말한 사람 : 알알, 수학 시험 1등한 사람 : 알알

[풀이 과정]

① 아래 표와 같이 무우가 거짓말일 경우 나머지 친구들은 참말로 생각합니다. 아래 표에서 무우가 예상한 말은 자신이 1등이라고 했는데 알알이가 예상한 말에서도 상상이는 1등이라고 하고, 제이는 알알이가 100점(1등)이라고 했습니다. 수학 시험에서 1등인 사람은 1명만 있으므로 무우가 한 말은 거짓말이 아닙니다.

	참	거짓	조건에 맞춘 의미
무우		O	난 수학 시험에서 1등을 했어.
상상	O		난 제이 말이 맞는 것 같아.
알알	O		상상이가 수학 시험에서 1등을 했어.
제이	O		알알이는 수학 시험에서 백점을 받았어.

② 아래 표와 같이 상상이가 거짓말일 경우 나머지 친구들은 참말로 생각합니다. 아래 표에서 상상이의 말에서는 제이가 한 말이 틀렸다고 합니다. 하지만 제이의 말은 참말입니다. 상상이와 제이의 말에 논리적으로 모순이 생깁니다. 따라서 상상이의 말은 거짓말이 아닙니다.

	참	거짓	조건에 맞춘 의미
무우	O		난 수학 시험에서 안타깝게 1등을 하지 못했어.
상상		O	난 제이 말이 틀린 것 같아.
알알	O		상상이가 수학 시험에서 1등을 했어.
제이	O		알알이는 수학 시험에서 백점을 받았어.

이와 마찬가지로 다음 표와 같이 제이가 거짓말일 경우 상상이와 제이의 말에서 서로 모순이 생겨서 제이의 말은 거짓말이 아닙니다.

	참	거짓	조건에 맞춘 의미
무우	O		난 수학 시험에서 안타깝게 1등을 하지 못했어.
상상	O		난 제이 말이 맞는 것 같아.
알알	O		상상이가 수학 시험에서 1등을 했어.
제이		O	알알이는 수학 시험에서 백점을 못 받았어.

③ 아래 표와 같이 알알이가 거짓말일 경우 나머지 친구들은 참말로 생각합니다. 아래 표에서 무우는 자신이 1등이 아니라고 했고 상상이는 "제이의 말이 맞다."라는 참말을 했습니다. 제이는 논리적으로 참말을 하고 있습니다. 따라서 알알이는 수학 시험에서 1등을 했습니다.

	참	거짓	조건에 맞춘 의미
무우	O		난 수학 시험에서 안타깝게 1등을 하지 못했어.
상상	O		난 제이 말이 맞는 것 같아.
알알		O	상상이가 수학 시험에서 1등을 못 했어.
제이	O		알알이는 수학 시험에서 백점을 받았어.

④ 알알이의 말이 거짓일 경우 나머지 친구들의 예상은 논리적으로 모두 참말이 만족합니다.

따라서 수학 시험에서 1등인 사람은 알알이입니다. (정답)

[정답] 거짓말을 한 사람 = C, 범인 = C

	참	거짓	조건에 맞춘 의미
A		O	저와 B는 둘 다 범인이 맞아요.
B	O		C가 범인이 맞아요.
C	O		A와 D는 둘 다 거짓말을 하고 있어요.
D	O		나는 범인이 아니에요.

(표 1) … A가 거짓말 할 때

	참	거짓	조건에 맞춘 의미
A	O		저와 B는 둘 다 범인이 아니에요.
B		O	C는 범인이 아니에요.
C	O		A와 D는 둘 다 거짓말을 하고 있어요.
D	O		나는 범인이 아니에요.

(표 2) … B가 거짓말 할 때

	참	거짓	조건에 맞춘 의미
A	O		저와 B는 둘 다 범인이 아니에요.
B	O		C가 범인이 맞아요.
C		O	A와 D는 둘 다 참말을 하고 있어요.
D	O		나는 범인이 아니에요.

(표 3) … C가 거짓말 할 때

	참	거짓	조건에 맞춘 의미
A	O		저와 B는 둘 다 범인이 아니에요.
B	O		C가 범인이 맞아요.
C	O		A와 D는 둘 다 거짓말을 하고 있어요.
D		O	나는 범인이 맞아요.

(표 4) … D가 거짓말 할 때

③ 따라서 C 뒷면에 적힌 수는 3입니다. (정답)

[풀이 과정]

① (표 1)과 같이 A가 거짓말을 했을 때, 나머지 B, C, D를 참말로 생각합니다. C가 말한 내용은 A와 D 둘 다 거짓말을 해야 합니다. 하지만 D는 참말을 하고 A만 거짓말을 하므로 논리적인 모순이 생겨 A는 거짓말을 하지 않았습니다.

② (표 2)와 같이 B가 거짓말을 했을 때, 나머지 A, C, D를 참말로 생각합니다. C가 말한 내용은 A와 D 둘 다 거짓말을 해야 합니다. 하지만 A와 D는 둘 다 참말을 하므로 논리적인 모순이 생겨 B는 거짓말을 하지 않았습니다.

③ (표 3)과 같이 C가 거짓말을 했을 때, 나머지 A, B, D가 참말입니다. C가 말한 내용에서 A와 D 둘 다 참말을 해야 합니다. A와 D는 둘 다 참말을 하므로 논리적으로 맞습니다. A가 말한 내용에서 A와 B는 범인이 아니고, D가 말한 내용에서 D도 범인이 아닙니다.
따라서 B가 말한 내용에서 C가 범인이 됩니다.

④ (표 4)와 같이 D가 거짓말을 했을 때, 나머지 A, B, C를 참말로 생각합니다. C가 말한 내용은 A와 D 둘 다 거짓말을 해야 합니다. 하지만 A는 참말을 하므로 논리적인 모순이 생겨 D는 거짓말을 하지 않았습니다.

⑤ 따라서 거짓말을 한 사람은 C이고 범인도 C입니다. (정답)

연습문제 05 .... P. 17

[정답] 3

[풀이 과정]

① 아래 (표 1)과 같이 무우가 A 뒷면에 3이 적혀있다는 예상이 참일 때, 상상이가 예상한 D 뒷면에는 1이 적혀있는 예상이 참이 됩니다. 알알이가 예상한 두 가지 내용은 무우와 상상이가 예상한 내용과 겹치지 않으므로 C 뒷면에 2 또는 B 뒷면에 4가 될 수 있습니다. 제이가 예상한 두 가지 중의 하나가 참이 될 때, A 또는 B 뒷면에 적힌 수가 2개가 되어 모순이 생깁니다.
따라서 무우가 예상한 A 뒷면에 3은 참이 아닙니다.

	A	B	C	D
무우	3			
상상				1
알알		4	2	
제이	1	3		

(표 1)

② 아래 (표 2)와 같이 무우가 D 뒷면에 2가 적혀있다는 예상이 참일 때, 상상이는 C 뒷면에 3이 적혀있다는 예상이 참이 됩니다. C 뒷면에 3이므로 알알이의 말에서 B 뒷면에 4가 적혀있다는 예상이 참입니다. 마지막으로 제이의 말에서 A 뒷면에 1이 적혀있다는 예상이 참입니다.

연습문제 06 .... P. 18

[정답] D : 참말족 (무우네 반)

[풀이 과정]

① 아래 (표)와 같이 A가 참말족이라면 A가 말한 "우리는 모두 거짓말족입니다." 라는 말로 B, C, D는 모두 거짓말족이 되고 A도 거짓말족이 되어야 합니다. 하지만 A가 참말족이기 때문에 모순이 생깁니다.
따라서 A는 거짓말족입니다.

A : 우리는 모두 거짓말족입니다.	참	➡ 거짓	➡ 모순
B : 우리 중 한 사람만 거짓말족입니다.	거짓		
C : 우리 네 사람 중 두 사람만 거짓말족입니다.	거짓		
D : 나는 참말족입니다.	거짓		

② 아래 (표)와 같이 B가 참말족이라면 A는 거짓말족이므로 C, D는 모두 참말족이 되어야 합니다. 하지만 C가 말한 "우리 네 사람 중 두 사람만 거짓말족입니다." 때문에 B의 말과 모순이 생깁니다.
따라서 B는 거짓말족입니다.

A : 우리는 모두 거짓말족입니다.	거짓		
B : 우리 중 한 사람만 거짓말족입니다.	참		
C : 우리 네 사람 중 두 사람만 거짓말족입니다.	참	➡ 거짓	➡ 모순
D : 나는 참말족입니다.	참		

③ 아래 (표)와 같이 C가 참말일 때, 위 ①과 ②에서 결과에 따라 A와 B는 거짓말족이고 D는 참말족이 되어야 합니다. 반대로 C가 거짓말족이라면 C가 말한 "우리 네 사람 중 두 사람만 거짓말족입니다."가 거짓이 되어 거짓말족이 두 사람이 아닙니다. 만약 D가 거짓말족이라면 A의 말이 참이 되어 모순이 생깁니다.
따라서 D는 반드시 참말족입니다.

A : 우리는 모두 거짓말족입니다.	거짓		거짓
B : 우리 중 한 사람만 거짓말족입니다.	거짓		거짓
C : 우리 네 사람 중 두 사람만 거짓말족입니다.	참	또는	거짓
D : 나는 참말족입니다.	참		참

④ 따라서 A와 B는 반드시 거짓말족이고 C가 참말족 또는 거짓말족일 때, D는 반드시 참말족이 됩니다. (정답)

	진실	거짓	조건에 맞춘 의미
A		O	C의 내용은 진실입니다.
B		O	A와 D의 내용은 거짓입니다.
C	O		D의 내용은 거짓입니다.
D		O	B 또는 A의 내용은 거짓입니다.

(표 4) … C 카드의 말이 진실일 때

연습문제 07 .... P. 18

[정답] C 카드

[풀이 과정]

① 아래 (표 1)과 같이 A 카드의 적힌 말이 진실일 때 나머지 B, C, D를 거짓말로 바꿔 적습니다. 'A 또는 D의 내용은 진실입니다'를 거짓말로 바꾸면 'A와 D의 내용은 거짓입니다'로 됩니다. C에 적힌 'D의 내용은 진실입니다.'라는 말은 D는 거짓이므로 모순이 생깁니다.

따라서 A 카드는 진실이 아닙니다.

	진실	거짓	조건에 맞춘 의미
A	O		C의 내용은 거짓입니다.
B		O	A와 D의 내용은 거짓입니다.
C		O	D의 내용은 진실입니다.
D		O	B 또는 A의 내용은 거짓입니다.

(표 1) … A 카드의 말이 진실일 때

② 아래 (표 2)와 같이 B 카드의 적힌 말이 진실일 때 나머지 A, C, D를 거짓말로 바꿔 적습니다. 이때, 한 장의 카드 내용만 진실이라고 했으므로 모순이 생깁니다.

따라서 B 카드는 진실이 아닙니다.

	진실	거짓	조건에 맞춘 의미
A		O	C의 내용은 진실입니다.
B	O		A 또는 D의 내용은 진실입니다.
C		O	D의 내용은 진실입니다.
D		O	B 또는 A의 내용은 거짓입니다.

(표 2) … B 카드의 말이 진실일 때

③ 이와 마찬가지로 아래 (표 3)과 같이 D 카드에 적힌 말이 진실일 때 나머지 A, B, C를 거짓말로 바꿔 적습니다. D에 적힌 'B와 A의 내용은 진실입니다.'라는 말은 네 장의 A, B, C, D 중에 한 카드만 진실이 적혀있다는 사실에 모순이 생깁니다.

따라서 D 카드도 진실이 아닙니다.

	진실	거짓	조건에 맞춘 의미
A		O	C의 내용은 진실입니다.
B		O	A와 D의 내용은 거짓입니다.
C		O	D의 내용은 진실입니다.
D	O		B와 A의 내용은 진실입니다.

(표 3) … D 카드의 말이 진실일 때

④ 아래 (표 4)와 같이 C 카드의 적힌 말이 진실일 때 나머지 A, B, D를 거짓말로 바꿔 적습니다. C에 적힌 'D의 내용은 거짓입니다.'에서 D는 거짓이 맞고 A, B, D의 적힌 말이 논리적으로 맞습니다.

따라서 진실이 적힌 카드는 C입니다. (정답)

연습문제 08 .... P. 19

[정답] 제이

[풀이 과정]

① 아래 (표)와 같이 상상이가 참말족일 때, 알알이와 제이의 말을 거짓말로 바꿉니다. 알알이가 한 말에 상상이는 참말족이므로 모순이 생깁니다.

따라서 상상이는 참말족이 아닙니다.

	참말족	거짓말족	조건에 맞춘 의미
상상	O		제이는 거짓말족입니다.
알알		O	상상이는 거짓말족입니다.
제이		O	상상이 또는 알알이는 참말족입니다.

② 아래 (표)와 같이 알알이가 참말족일 때, 상상이와 제이의 말을 거짓말로 바꿉니다. 상상이가 한 말에서 제이는 참말족이 아니므로 모순이 생깁니다.

따라서 알알이는 참말족이 아닙니다.

	참말족	거짓말족	조건에 맞춘 의미
상상		O	제이는 참말족입니다.
알알	O		상상이는 참말족입니다.
제이		O	상상이 또는 알알이는 참말족입니다.

③ 아래 (표)와 같이 제이가 참말족일 때, 상상이와 알알이의 말을 거짓말로 바꿉니다. 상상이가 한 말은 제이가 참말이므로 논리적으로 맞습니다. 알알이가 한 말도 상상이는 거짓말족이므로 논리적으로 맞습니다.

따라서 제이가 참말족입니다.

	참말족	거짓말족	조건에 맞춘 의미
상상		O	제이는 참말족입니다.
알알		O	상상이는 거짓말족입니다.
제이	O		상상이와 알알이는 둘 다 거짓말족입니다.

④ 위의 과정을 통해 제이가 참말족임을 알 수 있습니다. (정답)

연습문제 09 .... P. 19

[정답] 빨간색

[풀이 과정]

① 아래 표와 같이 무우가 참일 때 나머지 상상, 알알, 제이를 거짓말로 바꿔 적습니다. 표에서 4명이 각각 선택할 수 있는 색을 구합니다.

ⅰ. 무우가 빨간색을 선택하는 경우 상상이는 초록색, 제이는 파란색, 알알이는 노란색을 선택합니다.

ⅱ. 무우가 노란색을 선택하는 경우 알알이는 파란색, 제이는 초록색, 상상이는 빨간색을 선택합니다.

ⅲ. 무우가 파란색을 선택하는 경우 알알이와 제이는 각각 노란색, 초록색을 선택하고 상상이는 빨간색을 선택합니다.

따라서 서로 다른 색을 선택하는 방법은 총 3가지가 있습니다.

	참	거짓	조건에 맞춘 의미	선택 가능한 색
무우	O		초록색을 선택 안 했습니다.	빨간, 노란, 파란
상상		O	빨간색과 초록색을 선택했습니다.	빨간, 초록
알알		O	파란색과 노란색을 선택했습니다.	파란, 노란
제이		O	빨간색과 노란색을 선택 안 했습니다.	파란, 초록

② 아래 표와 같이 상상이가 참일 때 나머지 무우, 알알, 제이를 거짓말로 바꿔 적습니다. 표에서 4명이 각각 선택 할 수 있는 색을 구합니다.
무우는 반드시 초록색만 선택하므로 제이는 파란색을 선택할 수밖에 없습니다. 그러므로 상상이와 알알이는 파란색을 제외한 노란색을 둘 다 선택합니다. 하지만 4가지 색 중 한 가지 색을 두 명이 동시에 선택할 수 없으므로 모순이 생깁니다. 상상이가 참일 경우는 네 명이서 색을 서로 다르게 선택할 수 없습니다.
따라서 상상이는 참이 아닙니다.

	참	거짓	조건에 맞춘 의미	선택 가능한 색
무우		O	초록색을 선택했습니다.	초록
상상	O		빨간색이나 초록색을 선택 안 했습니다.	파란, 노란
알알		O	파란색과 노란색을 선택했습니다.	파란, 노란
제이		O	빨간색과 노란색을 선택 안 했습니다.	파란, 초록

③ 이와 마찬가지로 아래 표와 같이 알알이가 참일 때 나머지 무우, 상상, 제이를 거짓말로 바꿔 적습니다. 표에서 4명이 각각 선택 할 수 있는 색을 구합니다.
무우는 반드시 초록색만 선택하므로 제이는 파란색을 선택할 수밖에 없습니다. 이때 상상이는 빨간색, 알알이는 파란색을 선택하지 않고 노란색을 선택합니다.

	참	거짓	조건에 맞춘 의미	선택 가능한 색
무우		O	초록색을 선택했습니다.	초록
상상		O	빨간색과 초록색을 선택 했습니다.	빨간, 초록
알알	O		파란색이나 노란색을 선택 안 했습니다.	빨간, 초록, 파란, 노란
제이		O	빨간색과 노란색을 선택 안 했습니다.	파란, 초록

④ 아래 표와 같이 제이가 참일 때 나머지 무우, 상상, 알알이를 거짓말로 바꿔 적습니다. 표에서 4명이 각각 선택 할 수 있는 색을 구합니다.
무우는 반드시 초록색만 선택하므로 상상이는 빨간색, 제이는 노란색, 알알이는 파란색을 선택합니다.
따라서 서로 다른 색을 선택하는 방법은 총 1가지가 있습니다.

	참	거짓	조건에 맞춘 의미	선택 가능한 색
무우		O	초록색을 선택했습니다.	초록
상상		O	빨간색과 초록색을 선택했습니다.	빨간, 초록
알알		O	파란색과 노란색을 선택했습니다.	파란, 노란
제이	O		빨간색이나 노란색을 선택했습니다.	빨간, 노란

⑤ 무우의 말이 참일 경우 제이는 파란색 또는 초록색을 선택할 수 있고, 알알이가 참일 경우 파란색, 제이의 말이 참일 경우 노란색만 선택할 수 있습니다.
따라서 제이는 빨간색을 선택하지 못합니다. (정답)

심화문제 01 P. 20

[정답] D : 무우네 반

[풀이 과정]

① (A, E) = (무우네 반, 무우네 반) 또는 (무우네반, 상상이네반) 또는 (상상이네반, 상상이네 반) 또는 (상상이네 반, 무우네 반)일 경우 총 4가지 경우로 나눠서 생각합니다.

② 아래 표와 같이 A와 E가 무우네 반일 때, 나머지 친구들을 조건에 맞춘 의미를 봅니다.
A가 무우네 반이므로 참말족이고 B는 거짓말족이 됩니다.
E가 무우네 반이므로 C는 상상이네 반이 되어 거짓말족이고 반대로 D는 무우네 반이 되어 참말족입니다.
D의 조건에 맞춘 의미에서 B와 E는 서로 다른 반이 논리적으로 맞습니다.
따라서 A, D, E는 무우네 반이고 B, C는 상상이네 반입니다.

	참말족 (무우네 반)	거짓말족 (상상이네 반)	조건에 맞춘 의미
A	O		나는 무우네 반이야.
B		O	A는 무우네 반이야.
C		O	나는 D와 다른 반이야.
D	O		B와 E는 서로 다른 반이야.
E	O		C는 상상이네 반이야.

(A와 E가 모두 무우네 반일 때)

③ 아래 표와 같이 A가 무우네 반이고 E가 상상이네 반일 때, 나머지 친구들을 조건에 맞춘 의미를 봅니다.
A가 무우네 반이므로 참말족이므로 B는 거짓말족이 됩니다.
E가 상상이네 반이므로 C는 무우네 반이 되어 참말족이

고 똑같이 D도 무우네 반이 되어 참말족입니다. D의 조건에 맞춘 의미에서 B와 E는 서로 다른 반이라고 합니다. 하지만 B와 E는 둘 다 상상이네 반이므로 모순이 생깁니다. 따라서 A가 무우네 반이고 E가 상상이네 반일 때는 조건에 맞지 않습니다.

	참말족 (무우네 반)	거짓말족 (상상이네 반)	조건에 맞춘 의미	
A	O		나는 무우네 반이야.	
B		O	A는 무우네 반이야.	
C	O		나는 D와 같은 반이야.	
D	O		B와 E는 서로 다른 반이야.	➡ B와 E는 같은 반이므로 ➡ 모순
E		O	C는 무우네 반이야.	

(A : 무우네 반, E : 상상이네 반)

④ 아래 표와 같이 A와 E가 상상이네 반일 때, 나머지 친구들을 조건에 맞춘 의미를 봅니다.
A가 상상이네 반으로 거짓말족이므로 B는 참말족이 됩니다. E가 상상이네 반이므로 C는 무우네 반이 되어 참말족이고 똑같이 D도 무우네 반이 되어 참말족입니다. D의 조건에 맞춘 의미에서 B와 E는 서로 다른 반이 되어 논리적으로 맞습니다.
따라서 B, C, D는 무우네 반이고 A, E는 상상이네 반입니다.

	참말족 (무우네 반)	거짓말족 (상상이네 반)	조건에 맞춘 의미
A		O	나는 상상이네 반이야.
B	O		A는 상상이네 반이야.
C	O		나는 D와 같은 반이야.
D	O		B와 E는 서로 다른 반이야.
E		O	C는 무우네 반이야.

(A와 E가 모두 상상이네 반)

⑤ 아래 표와 같이 A가 상상이네 반이고 E가 무우네 반일 때, 나머지 친구들을 조건에 맞춘 의미를 봅니다.
A가 상상이네 반이므로 거짓말족이므로 B는 참말족이 됩니다.
E가 무우네 반이므로 C는 상상이네 반이 되어 거짓말족이고 반대로 D는 무우네 반이 되어 참말족입니다. D의 조건에 맞춘 의미에서 B와 E는 서로 다른 반이라고 합니다. 하지만 B와 E는 둘 다 무우네 반이므로 모순이 생깁니다.
따라서 A가 상상이네 반이고 E가 무우네 반인 경우는 조건이 맞지 않습니다.

	참말족 (무우네 반)	거짓말족 (상상이네 반)	조건에 맞춘 의미	
A		O	나는 상상이네 반이야.	
B	O		A는 상상이네 반이야.	
C		O	나는 D와 다른 반이야.	
D	O		B와 E는 서로 다른 반이야.	➡ B와 E는 같은 반이므로 ➡ 모순
E	O		C는 상상이네 반이야.	

(A : 상상이네 반, E : 무우네 반)

⑥ 따라서 모순이 발생하지 않는 ②와 ④에서 모두 D는 무우네 반이 됩니다. (정답)

[정답] E

[풀이 과정]
① 먼저 A가 참말을 하는 경우 C와 D 중의 한 명이 1등일 경우를 두 가지로 나눠서 생각합니다.
아래 (표 1)은 A가 참말일 때 C가 1등 하는 경우를 나타낸 것입니다. A가 참말이므로 B와 G의 말은 각각 거짓말과 참말입니다.
C가 1등이면 C, D, F의 말은 참말이 됩니다. 반대로 E, H는 거짓말이 됩니다. 하지만 참말을 하는 사람은 3명뿐이라고 했으므로 모순이 생깁니다.
아래 (표 2)는 A가 참말일 때 D가 1등을 하는 경우를 나타낸 것입니다.
A가 참말이므로 B와 G의 말은 각각 거짓말과 참말을 입니다. D가 1등이면 C, F는 참말이 되고 D, E는 거짓말이 됩니다. 하지만 참말을 하는 사람은 3명뿐이라고 했으므로 모순이 생깁니다.
따라서 A는 참말이 아닙니다.

	참	거짓	조건에 맞춘 의미	
A	O		C와 D 중에 한 명은 1등입니다.	➡ C가 1등 일 때, 참이 5명이어서 ➡ 모순
B		O	A는 참말을 했습니다.	
C	O		E는 1등을 못 했습니다.	
D	O		저는 1등을 못 했습니다.	
E		O	저는 D보다 못 뛰어서 1등을 못 했습니다.	
F	O		C의 말은 맞습니다.	
G	O		A의 말은 맞습니다.	
H		O	B는 1등을 못 했습니다.	

(표 1) … A가 참말, C 1등

	참	거짓	조건에 맞춘 의미	
A	O		C와 D 중에 한 명은 1등입니다.	➡ D가 1등일 때, 참이 4명이어서 ➡ 모순
B		O	A는 참말을 했습니다.	
C	O		E는 1등을 못 했습니다.	
D		O	저는 1등을 했습니다.	
E		O	저는 D보다 못 뛰어서 1등을 못 했습니다.	
F	O		C의 말은 맞습니다.	
G	O		A의 말은 맞습니다.	
H		O	B는 1등을 못 했습니다.	

(표 2) … A가 참말, D 1등

② A가 거짓말을 하면 B는 당연히 참말이 되고 그다음 C가 참말을 할 경우와 거짓말을 할 경우로 나눠서 생각합니다.
아래 (표 3)은 A가 거짓말할 때, C가 참말을 하는 경우를 나타낸 것입니다.
A가 거짓말이므로 B와 G는 각각 참말과 거짓말입니다.
C가 참말이면 F도 참말이 됩니다. 또한, D는 참말이고, C가 참말이므로 E는 거짓말입니다. 이때, H와 관계없이 참말을 한 사람이 4명 이상이 됩니다.
따라서 A가 거짓말일 때, C는 참말이 아닙니다.

	참	거짓	조건에 맞춘 의미
A		O	C와 D 둘 다 1등이 아닙니다.
B	O		A는 거짓말을 했습니다.
C	O		E는 1등을 못 했습니다.
D	O		저는 1등을 못 했습니다.
E		O	저는 D보다 못 뛰어서 1등을 못 했습니다.
F	O		C의 말은 맞습니다.
G		O	A의 말은 틀렸습니다.
H			

(표 3) … A가 거짓말, C가 참말

③ 아래 (표 4)는 A가 거짓말할 때, C가 거짓말을 하는 경우를 나타낸 것입니다.

A가 거짓말이므로 B와 G는 각각 참말과 거짓말입니다. C가 거짓말이면 F는 거짓말이 됩니다. C의 조건에 맞춘 의미에서 E는 1등을 하게 되므로 E와 D는 참말이 되고, H는 거짓말이 됩니다.

	참	거짓	조건에 맞춘 의미
A		O	C와 D 둘 다 1등이 아닙니다.
B	O		A는 거짓말을 했습니다.
C		O	E는 1등을 했습니다.
D	O		저는 1등을 못 했습니다.
E	O		저는 D보다 잘 뛰어서 1등을 했습니다.
F		O	C의 말은 틀렸습니다.
G		O	A의 말은 틀렸습니다.
H		O	B는 1등을 못 했습니다.

(표 4) … A가 거짓말, C가 거짓말

④ 따라서 B, D, E가 참말을 하고 A, C, F, G, H가 거짓말을 할 때 3명만 참말을 하는 조건에 맞으므로 E가 1등을 합니다. (정답)

심화문제 03 ·· P. 22

[정답] 무우 = 10일, 상상 = 8일, 알알 = 7일

[풀이 과정]

① 무우의 세 가지 내용 중 한 가지가 거짓인 경우를 나눠서 생각합니다.

아래 (표 1)은 무우가 첫 번째 말한 내용이 거짓일 경우를 나타낸 것입니다.

무우가 말한 나머지 2개는 참이므로 상상이가 말한 "무우는 알알이보다 3일 더 여행했다."라는 것은 거짓이 됩니다. 따라서 상상이의 첫 번째, 두 번째 말한 내용은 참입니다. 상상이가 말한 내용에 따라 알알이는 13일 동안 여행을 했고 상상이는 알알이보다 1일 더 여행한 14일 여행을 했습니다.

하지만 알알이가 말한 세 가지 중 첫 번째 말인 "나는 가장 오랫동안 여행했다."라는 말과 세 번째 말인 "상상이는 여행을 8일 동안 했다."라는 두 말이 동시에 거짓이 되는 모순이 생깁니다.

따라서 무우가 첫 번째 말한 내용은 거짓이 아닙니다.

	참	거짓	세 가지 말한 내용
무우		O	나는 여행을 10일 동안 했다.
	O		나는 상상이보다 2일 더 여행했다.
	O		나는 알알이보다 3일 적게 여행했다.
상상	O		알알이는 여행을 13일 동안 했다.
	O		나는 알알이보다 1일 더 여행했다.
		O	무우는 알알이보다 3일 더 여행했다.
알알		O	나는 가장 오랫동안 여행했다.
	O		상상이는 무우보다 2일 적게 여행했다.
		O	상상이는 여행을 8일 동안 했다.

(표 1) … 무우의 첫번째 내용이 거짓일 때

② 아래 (표 2)는 무우가 두 번째 말한 내용이 거짓일 경우를 나타낸 것입니다. 무우가 말한 나머지 2개는 참이므로 무우는 10일 동안 여행을 했고 알알이는 13일 여행을 했습니다.

세 번째 내용은 참이므로 상상이가 말한 "무우는 알알이보다 3일 더 여행했다."라는 것은 거짓이 됩니다. 따라서 상상이의 첫 번째, 두 번째 말한 내용은 참입니다. 상상이의 두 번째 내용에 따라 상상이는 14일 동안 여행을 했습니다. 하지만 알알이가 말한 세 가지 말이 동시에 거짓이 되는 모순이 생깁니다.

따라서 무우가 두 번째 말한 내용은 거짓이 아닙니다.

	참	거짓	세 가지 말한 내용
무우	O		나는 여행을 10일 동안 했다.
		O	나는 상상이보다 2일 더 여행했다.
	O		나는 알알이보다 3일 적게 여행했다.
상상	O		알알이는 여행을 13일 동안 했다.
	O		나는 알알이보다 1일 더 여행했다.
		O	무우는 알알이보다 3일 더 여행했다.
알알		O	나는 가장 오랫동안 여행했다.
		O	상상이는 무우보다 2일 적게 여행했다.
		O	상상이는 여행을 8일 동안 했다.

(표 2) … 무우의 두번째 내용이 거짓일 때

③ (표 3)은 무우가 세 번째 말한 내용이 거짓일 경우를 나타낸 것입니다.

무우가 말한 나머지 2개는 참이므로 무우는 10일 동안 여행을 했고 상상이는 8일 여행을 했습니다.

무우의 세 번째 내용은 거짓이므로 상상이가 말하는 "알알이는 여행을 13일 동안 했다"는 거짓이 됩니다. 따라서 상상이가 말한 "알알이보다 1일 더 여행했다"와 "무우는 알알이 보다 3일 더 여행했어"가 참이 됩니다.

따라서 알알이는 7일 동안 여행을 했습니다. 알알이의 첫 번째 말한 내용은 거짓이고, 두 번째, 세 번째 말한 내용이 참이 됩니다.

	참	거짓	세 가지 말한 내용
무우	O		나는 여행을 10일 동안 했다.
	O		나는 상상보다 2일 더 여행했다.
		O	나는 알알보다 3일 적게 여행했다.
상상		O	알알이는 여행을 13일 동안 했다.
	O		나는 알알보다 1일 더 여행했다.
	O		무우는 알알보다 3일 더 여행했다.
알알		O	나는 가장 오랫동안 여행했다.
	O		상상이는 무우보다 2일 적게 여행했다.
	O		상상이는 여행을 8일 동안 했다.

(표 3) … 무우의 세 번째 내용이 거짓일 때

④ 따라서 무우는 10일 동안 여행을 했고 상상이는 8일 동안 여행을 했고 알알이는 7일 동안 여행을 했습니다. (정답)

심화문제 04 ···················· P. 23

[정답] 주번 = C, D, E

[풀이 과정]

① A가 주번일 때와 주번이 아닐 때로 나눠서 생각합니다.
아래 (표 1)은 A가 주번일 때 다른 친구들이 주번인지 아닌지를 구별한 표입니다.
A가 주번일 때 D는 주번이 아닙니다. 그에 따라 F는 주번이 됩니다.
C가 주장한 말에서 "D와 F는 모두 주번이 아니야."라는 말은 거짓이 되어 C는 주번이 됩니다.
B는 주번이 아니고 E는 주번입니다. 하지만 주번이 3명뿐이므로 A, C, E, F가 주번이 되는 모순이 생깁니다.
따라서 A는 주번이 아닙니다.

	참말족 (주번이 아님)	거짓말족 (주번)	주장한 말
A		O	나는 주번이 아니야!
B	O		C는 주번이 맞아.
C		O	D와 F는 모두 주번이 아니야.
D	O		A는 주번이야.
E		O	B 말이 틀렸어, C는 주번이 아니야.
F		O	D는 주번이야.

(표 1) … A가 주번일 때

② 아래 (표 2)는 A가 주번이 아닐 경우 다른 친구들이 주번인지 아닌지 구별한 표입니다.
A가 주번이 아닌 경우 D는 주번이 됩니다. 그에 따라 F는 주번이 아닙니다.
C가 주장한 말에서 "D와 F는 모두 주번이 아니야."라는 말은 거짓이 되어 C는 주번이 됩니다. B는 주번이 아니고 E는 주번이 됩니다.
따라서 A가 주번이 아닐 때 다른 친구들의 주장한 말이 논리적으로 맞습니다.

	참말족 (주번이 아님)	거짓말족 (주번)	주장한 말
A	O		나는 주번이 아니야!
B	O		C는 주번이 맞아.
C		O	D와 F는 모두 주번이 아니야.
D		O	A는 주번이야.
E		O	B 말이 틀렸어, C는 주번이 아니야.
F	O		D는 주번이야.

(표 2) … A가 주번이 아닐 때

③ 따라서 주번은 C, D, E입니다. (정답)

창의적문제해결수학 01 ·················· P. 24

[정답] 화요일, 무우 : C, 상상 : A, 알알 : D, 제이 : B

	월	화	수	목	금	토	일
A	X		X				
B	X				X		
C	X			X			X
D	X					X	

(표)

[풀이 과정]

① 위 (표)는 A, B, C, D의 네 상점이 영업을 안 하는 날을 요일 중에 X 표시한 것입니다.
먼저 알알이가 말한 내용에서 4일 연속 상점에 갈 수 있으므로 알알이가 간 상점은 A 또는 D입니다. 만약 A이면 오늘은 목요일이고 만약 D이면 오늘은 화요일입니다.

② 알알이가 A 상점을 방문한다면 오늘은 목요일입니다.
상상이는 B 상점에 가면 상상이가 말한 내용에 만족합니다.
제이는 C 상점에 가면 제이가 말한 내용에 만족합니다.
하지만 무우가 말한 "어제 상점을 들렀는데 문이 닫혔어."라는 말이 만족하는 상점이 없습니다.

③ 모순이 생기므로 알알이는 D 상점에 갔습니다.

④ 알알이가 D 상점을 방문한다면 오늘은 화요일입니다.
상상이는 내일 영업을 안 하는 A 상점에 가야 합니다.
제이는 화요일로부터 4일 전에 문을 닫은 B 상점에 가야 합니다. 마지막으로 무우는 C 상점에 가면 어제 문을 닫은 상점으로 만족합니다.

⑤ 따라서 오늘의 요일은 화요일이고 무우가 간 상점은 C, 상상이가 간 상점은 A, 알알이가 간 상점은 D, 제이가 간 상점은 B입니다. (정답)

[정답] ⑤번 길

[풀이 과정]

① 아래 (표 1)은 첫 번째 안내판이 참일 경우, 나머지 안내판의 내용을 참과 거짓의 조건에 맞춘 의미를 나타낸 것입니다.

첫 번째 안내판이 참이므로 세 번째 안내판은 참이 됩니다. 한 개의 길로만 가야 하므로 나머지 두 번째, 네 번째, 다섯 번째, 여섯 번째 안내판은 거짓이 되어야 합니다.

하지만 두 번째와 여섯 번째 안내판에서 모순이 생기고 네 번째 안내판에서도 모순이 생깁니다.

따라서 첫 번째 안내판은 참이 아닙니다.

	참	거짓	조건에 맞춘 의미
첫 번째 안내판	O		세 번째 안내판은 참말입니다.
두 번째 안내판		O	⑤번 길로 가면 됩니다. ⑥번 길로 가면 안 됩니다.
세 번째 안내판	O		④번 길로 가면 됩니다.
네 번째 안내판		O	①번 길로 가면 됩니다. ⑤번 길로 가면 안 됩니다.
다섯 번째 안내판		O	②번 길과 ③번 길 모두 가면 안 됩니다.
여섯 번째 안내판		O	두 번째 안내판은 참말입니다.

(표 1) … 첫 번째 안내판이 참일 경우

② 위와 같이 첫 번째 안내판은 거짓이므로 두 번째 안내판이 참 또는 거짓인 경우로 나눠서 생각합니다.

아래 (표 2)와 (표 3)은 첫 번째 안내판이 거짓이고 두 번째 안내판이 참일 경우, 나머지 안내판의 내용을 참과 거짓의 조건에 맞춘 의미를 나타낸 것입니다.

두 (표 2)와 (표 3)에서 첫 번째 안내판이 거짓이므로 세 번째 안내판은 거짓입니다. 두 번째 안내판이 참이므로 여섯 번째 안내판은 거짓입니다.

나머지 네 번째와 다섯 번째가 각각 참과 거짓일 경우를 생각합니다. (표 2)에서 네 번째 안내판이 참일 경우 두 번째 안내판과 모순이 생깁니다. 이와 마찬가지로 (표 3)에서 네 번째 안내판이 거짓이고, 다섯 번째 안내판이 참일 경우 두 번째 안내판과 네 번째, 다섯 번째 안내판과 모순이 생깁니다.

따라서 두 번째 안내판은 참이 아닙니다.

	참	거짓	조건에 맞춘 의미
첫 번째 안내판		O	세 번째 안내판은 거짓말입니다.
두 번째 안내판	O		⑤번 길로 가면 안 됩니다. ⑥번 길로 가면 됩니다.
세 번째 안내판		O	④번 길로 가면 안 됩니다.
네 번째 안내판	O		①번 길로 가면 안 됩니다. ⑤번 길로 가면 됩니다.
다섯 번째 안내판		O	②번 길과 ③번 길 모두 가면 안 됩니다.
여섯 번째 안내판		O	두 번째 안내판은 참말입니다.

(표 2) … 첫 번째 안내판 거짓,
두 번째 안내판 참,
네 번째 안내판 참일 경우

	참	거짓	조건에 맞춘 의미
첫 번째 안내판		O	세 번째 안내판은 거짓말입니다.
두 번째 안내판	O		⑤번 길로 가면 됩니다. ⑥번 길로 가면 됩니다.
세 번째 안내판		O	④번 길로 가면 안 됩니다.
네 번째 안내판		O	①번 길로 가면 됩니다. ⑤번 길로 가면 안 됩니다.
다섯 번째 안내판	O		②번 길과 ③번 길 중의 한 길로 가면 됩니다.
여섯 번째 안내판		O	두 번째 안내판은 참말입니다.

(표 3) … 첫 번째 안내판 거짓,
두 번째 안내판 참,
네 번째 안내판 거짓,
다섯 번째 안내판 참일 경우

③ 아래 (표 4)는 위에서 구한 첫 번째 안내판과 두 번째 안내판이 거짓일 경우 나머지 안내판의 내용을 참과 거짓의 조건에 맞춘 의미를 나타낸 것입니다.

첫 번째 안내판이 거짓이므로 세 번째 안내판도 거짓입니다. 두 번째 안내판이 거짓이므로 여섯 번째 안내판은 참입니다. 두 번째 안내판에 따라 ⑤번 길로 가야 하므로 네 번째 안내판이 참이고 다섯 번째 안내판이 거짓입니다. 이 경우 모든 안내판이 논리적으로 맞습니다.

	참	거짓	조건에 맞춘 의미
첫 번째 안내판		O	세 번째 안내판은 거짓말입니다.
두 번째 안내판		O	⑤번 길로 가면 됩니다. ⑥번 길로 가면 안 됩니다.
세 번째 안내판		O	④번 길로 가면 안 됩니다.
네 번째 안내판	O		①번 길로 가면 안 됩니다. ⑤번 길로 가면 됩니다.
다섯 번째 안내판		O	②번 길과 ③번 길 모두 가면 안 됩니다.
여섯 번째 안내판	O		두 번째 안내판은 거짓말입니다.

(표 4) … 첫 번째, 두 번째 안내판이
모두 거짓일 경우

④ 따라서 네 번째와 여섯 번째 안내판은 참말이 적혀있고 무우와 친구들은 ⑤번 길로 가면 됩니다. (정답)

2. 님 게임

대표문제1 **확인하기 1** .... P. 31

[정답] 3일

월	화	수	목	금	토	일
					1	2
③	4	5	6	⑦	8	9
10	⑪	12	13	14	⑮	16
17	18	⑲	20	21	22	㉓
24	25	26	㉗	28		

(달력)

[풀이 과정]

① 28을 지우면 게임에서 지므로 27을 반드시 지워야 게임에서 이깁니다. 위 (달력)과 같이 게임에서 상대방이 24 또는 24, 25 또는 24, 25, 26을 지운다면 나는 25, 26, 27 또는 26, 27 또는 27을 지울 수 있습니다. 나는 반드시 27을 포함하여 지우므로 반드시 이깁니다.
따라서 상대방이 24부터 지우기 위해서는 나는 23을 반드시 지워야 합니다.

② 위 (달력)과 같이 마지막에 지워야 하는 수들을 ○을 표시했습니다. 상대방이 어떤 수를 지우든지 내가 이기기 위해서는 27에서 4씩 뺀 수인 3, 7, 11, 15, 19, 23, 27을 내 차례마다 반드시 마지막으로 지워야 합니다.

③ 한 개의 날짜부터 세 개의 날짜까지 지울 수 있습니다. 이기고자 하는 사람은 처음에 1일부터 3일까지 3개의 날짜를 지우면 상대방과 관계없이 마지막에 27을 지울 수 있습니다.
따라서 처음에 먼저 3일을 지워야 이깁니다. (정답)

대표문제1 **확인하기 2** .... P. 31

[정답] 풀이 과정 참조

상대방이 부른 수	내가 부르는 수
44	45, 46, 47, 48, 49, 50
44, 45	46, 47, 48, 49, 50
44, 45, 46	47, 48, 49, 50
44, 45, 46, 47	48, 49, 50
44, 45, 46, 47, 48	49, 50
44, 45, 46, 47, 48, 49	50

[풀이 과정]

① 마지막에 50을 반드시 불러야 게임에서 이깁니다. 위 (표)와 같이 상대방이 44부터 최대 6개까지 수를 부르면 나는 반드시 50를 포함하여 불러서 게임에서 이깁니다.
따라서 상대방이 44부터 부르기 위해서는 나는 43을 반드시 불러야 합니다.

② 상대방이 어떤 수를 부르든지 내가 이기기 위해서 50에서 7씩 뺀 수인 1, 8, 15, 22, 29, 36, 43, 50을 내 차례마다 반드시 마지막으로 불러야 합니다. 따라서 내가 맨 처음에 1을 불러야 상대방과 관계없이 마지막에 50을 지울 수 있으므로 먼저 해야 합니다.

③ 따라서 내가 반드시 이기기 위한 방법은 먼저 시작해서 내 차례마다 마지막 수가 1, 8, 15, 22, 29, 36, 43, 50이 되도록 부르면 됩니다. (정답)

대표문제2 **확인하기** .... P. 33

[정답] 4장의 카드 묶음에서 3장

(그림)

[풀이 과정]

① 위 (그림)과 같이 세 묶음의 카드를 각각 A, B, C라고 합니다. 처음에 시작하는 사람이 이기는 방법을 구하기 위해 아래와 같이 4가지 경우로 나눠서 생각합니다.
A, B, C 중에서 한 묶음만 모두 가져가는 경우, A, B, C 중에서 한 개의 묶음에서 카드를 가져간 후 두 개의 카드 묶음의 카드 수가 같아지는 경우, A와 B 중 한 묶음에서 카드를 가져가서 1장만 남는 경우, C에서 3장만 가져가는 경우로 각각의 경우에서 맨 처음 시작하는 사람이 반드시 이기는지 구합니다.

② A, B, C 중에서 한 묶음만 모두 가져가는 경우
맨 처음에 2개 또는 3개 또는 4개의 카드를 가져갔다고 생각합니다.
이 경우 나머지 2개의 카드 묶음에 (3, 4), (2, 4), (2, 3)이 남습니다. 그다음 사람이 남은 두 카드 묶음의 카드 수가 같아지도록 카드를 가져갑니다. 두 사람이 번갈아 가면 반드시 나중에 카드를 가져가는 사람이 이기게 됩니다.

③ A, B, C 중에서 한 개의 묶음에서 카드를 가져간 후 두 개의 카드 묶음의 카드 수가 같아지는 경우
맨 처음에 A, B, C 중에서 카드를 가져간 후 두 개의 카드 묶음의 카드 수가 같아지는 경우는 (2, 2, 4), (2, 3, 2), (2, 3, 3)으로 총 3가지입니다.
그다음 사람이 카드 수가 같은 2개의 카드 묶음을 제외한 나머지 한 개의 카드 묶음에서 카드를 모두 가져갑니다.
두 사람이 번갈아 가져가면 반드시 두 번째 카드를 가져가는 사람이 이기게 됩니다.

④ A와 B 중에서 한 묶음에서 카드를 가져가서 1장만 남는 경우
맨 처음에 A 중에서 한 장을 가져가는 경우와 B 중에서 두 장을 가져가는 경우는 각각 (1, 3, 4)와 (2, 1, 4)입니다. 그 다음 사람이 (1, 2, 3)이 되도록 각 경우에서 카드를 가져가면 반드시 두 번째 카드를 가져간 사람이 이깁니다.

⑤ C에서 3장만 가져가는 경우
맨 처음에 C 중에서 3장만 가져가는 경우는 (2, 3, 1)이 됩니다. 이 경우 다음 사람이 적어도 한 개의 카드를 가져가야 합니다. 다음 사람이 카드를 가져간 후 두 카드 묶음의 카드 수가 같아지거나 한 카드 묶음에서 모든 카드를 가져갈 때 (2, 2, 1) 또는 (2, 1, 1) 또는 (1, 3, 1) 또는 (2, 3) 또는 (2, 1) 또는 (3, 1)이 됩니다.
그 후 처음 사람이 두 묶음의 카드 수가 같도록 만들고, 두 사람이 번갈아 가져가면 반드시 처음에 카드를 가져간 사람이 마지막 카드를 가져가게 되서 이깁니다.

⑥ 따라서 맨 처음 사람이 4장의 카드 묶음에서 3장을 가져가면 마지막 카드를 가져가게 되어서 게임에 반드시 이깁니다. (정답)

연습문제 **01** ⋯⋯⋯⋯⋯ P. 34

[정답] 풀이 과정 참조

[풀이 과정]

① 같은 개수의 두 주머니가 있을 때, 상대방이 먼저 구슬을 가져갈 때, 내가 똑같은 개수로 가져가면 반드시 마지막 구슬을 내가 가져가서 게임에서 이깁니다.

② 맨 처음에 가져가는 사람이 항상 이기는 방법은 처음에 18개가 든 주머니에서 3개의 구슬을 가져간 후 두 주머니의 구슬 개수가 같아지도록 만듭니다. 그다음 사람이 가져간 구슬만큼 똑같이 가져가면 됩니다. (정답)

연습문제 **02** ⋯⋯⋯⋯⋯ P. 34

[정답] 1. = 3개의 구슬, 2. = 2개의 구슬

<풀이 과정 1>

① 1.은 마지막 구슬을 가져간 사람이 게임에서 이기는 경우입니다.
마지막에 35번째 구슬을 반드시 가져가야 게임에서 이깁니다.
상대방이 32 또는 32, 33 또는 32, 33, 34번째 구슬을 가져간다면 나는 33, 34, 35 또는 34, 35 또는 35번째 구슬을 가져갈 수 있습니다. 나는 반드시 35번째 구슬을 포함하여 가져가므로 반드시 이깁니다.
따라서 상대방이 32번째 구슬을 가져가기 위해서는 나는 반드시 31번째 구슬을 가져가야 합니다.

② 상대방이 몇 개의 구슬을 가져가든 내가 이기기 위해서는 35번째 구슬에서 4씩 뺀 수인 3, 7, 11, 15, 19, 23, 27, 31, 35를 내 차례마다 반드시 마지막으로 가져가야 합니다.
따라서 내가 맨 처음에 3개의 구슬을 가져가야 상대방과 관계없이 마지막에 35번째 구슬을 가져갈 수 있습니다.

③ 따라서 1.에서 이기기 위해 처음에 3개의 구슬을 가져가야 합니다. (정답)

<풀이 과정 2>

① 2.은 마지막 구슬을 가져간 사람이 게임에서 지는 경우입니다.
34번째 구슬을 반드시 가져가야 게임에서 이깁니다.
상대방이 31 또는 31, 32 또는 31, 32, 33번째 구슬을 가져간다면 나는 32, 33, 34 또는 33, 34 또는 34 번째 구슬을 가져갈 수 있습니다.
나는 반드시 34번째 구슬을 포함하여 가져가므로 반드시 이깁니다.
따라서 상대방이 31번째 구슬을 가져가기 위해서는 나는 반드시 30번째 구슬을 가져가야 합니다.

② 상대방이 몇 개의 구슬을 가져가든 내가 이기기 위해서는 34번째 구슬에서 4씩 뺀 수인 2, 6, 10, 14, 18, 22, 26, 30, 34를 내 차례마다 반드시 마지막으로 가져가야 합니다.
따라서 내가 맨 처음에 2개의 구슬을 가져가야 상대방과 관계없이 마지막에 34번째 구슬을 가져갈 수 있습니다.

③ 따라서 2.에서 이기기 위해 처음에 2개의 구슬을 가져가야 합니다. (정답)

연습문제 **03** ⋯⋯⋯⋯⋯ P. 34

[정답] A + B = 7

[풀이 과정]

① 무우가 게임에서 이기기 위해서는 90번째 성냥개비를 가져가야 하고, 8씩 뺀 개수인 82, 74, 66, 58, 50, 42, 34, 26, 18, 10, 2개의 성냥개비를 가져 가야 합니다. 1번에 7개까지 가져갈 수 있습니다. 처음에 무우가 A개를 꺼내고 그다음 상상이가 3개를 꺼내고 그다음 무우가 B개를 꺼내면 총 A + 3 + B가 됩니다.
A + 3 + B = 10 된다면 그 후 상상이가 몇 개의 성냥개비를 꺼내든 무우는 상상이가 꺼낸 성냥개비 개수와 합이 8이 되도록 꺼내면 무우가 반드시 게임에서 이깁니다.

② 따라서 A + 3 + B = 10이므로 A + B = 7입니다.
예를 들어 먼저 무우가 A = 2개의 성냥개비를 꺼내고 그 후 상상이가 3개의 성냥개비를 꺼냈으므로 무우는 B = 5개의 성냥개비를 꺼냅니다. 두 사람이 꺼낸 성냥개비 개수의 합이 8이 되도록 번갈아 가며 꺼내면 무우가 반드시 이깁니다. (정답)

정답 및 풀이

[정답] 4칸

[풀이 과정]

① 두 사람은 모두 4칸 또는 8칸을 색칠할 수 있습니다.
항상 두 사람이 색칠한 칸의 수가 4 + 8 = 12칸이 된다
면 결과가 항상 일정합니다.
총 64칸을 12로 나누면 나머지가 4가 되므로 처음에 칠하
는 사람이 4칸을 색칠한 후 그다음 사람이 4개 또는 8개의
칸을 색칠해도 두 사람의 색칠한 칸의 개수가 12칸이 되
도록 색칠합니다.
그후 번갈아 가며 12개 칸이 색칠되므로 맨 처음에 색칠
한 사람이 반드시 이깁니다.

② 따라서 처음에 칠하는 사람이 4칸을 칠해야지 게임에서
반드시 이깁니다. (정답)

[정답] 풀이 과정 참조

[풀이 과정]

① 두 사람은 모두 11부터 20까지 중 한 개씩 부를 수 있습
니다. 항상 두 사람이 부른 수의 합이 31이 되도록 부르면
됩니다.
두 수의 합이 31이 되는 경우는 (11, 20), (12, 19), (13,
18), (14, 17), (15, 16)입니다. 두 사람이 부른 수들의 합
이 2060이 되기 위해서 2060 ÷ 31 = 66 ··· 14에서 나머
지인 14를 처음에 내가 부르고 상대방이 11부터 20까지
어떤 수를 부르더라도 내가 상대방이 부른 수와 합이 31
이 되도록 부릅니다.
그 후 두 사람이 부른 두 수의 합인 31이 66번 부르면 두
사람이 부른 수들의 합이 2060이 됩니다.
따라서 처음에 14를 부른 내가 반드시 이깁니다.

② 따라서 먼저 시작하는 사람이 14를 부른 후 상대방이 부
른 수와 합이 31이 되는 수를 부르면 반드시 먼저 시작한
사람이 이깁니다. (정답)

[정답] C 주머니에서 1개 구슬

[풀이 과정]

① 맨 처음에 시작하는 사람이 이기는 방법을 구하기 위해 아
래와 같이 4가지 경우로 나눠서 생각합니다. 3개의 주머
니 중에 한 주머니 구슬만 모두 가져가는 경우, 3개의 주
머니 중 한 개의 주머니에서 구슬을 가져간 후 두 개의 주
머니의 구슬 수가 같아지는 경우, B 주머니에서 1개 또는

2개 구슬을 가져가는 경우, C 주머니에서 1개 또는 3개 또
는 4개 구슬을 가져가는 경우가 있습니다.
각각의 경우에서 맨 처음 시작하는 사람이 반드시 이기는
지 구합니다.

② 3개의 주머니 중에 한 주머니 구슬만 모두 가져가는 경우는
아래 (그림 1)과 같이 (1, 4), (1, 6), (4, 6)으로 총 3가지입니
다. 이 경우 두 사람이 번갈아 가면 반드시 나중에 구슬
을 가져가는 사람이 이기게 됩니다.

(그림 1)

③ 3개의 주머니 중 한 개의 주머니에서 구슬를 가져간 후 두
개의 주머니의 구슬 수가 같아지는 경우는 아래 (그림 2)
와 같이 (1, 1, 6), (1, 4, 1), (1, 4, 4)로 총 3가지입니다. 이
경우는 두 사람이 번갈아 가져가면 반드시 나중에 구슬을
가져가는 사람이 이기게 됩니다.

(그림 2)

④ B 주머니에서 1개 또는 2개 구슬을 가져가는 경우는 아래
(그림 3)과 같이 (1, 3, 6) 또는 (1, 2, 6) 로 총 2가지입니다.
그다음 사람이 (1, 2, 3)이 되도록 각 경우에서 구슬을 가
져가면 반드시 나중에 구슬을 가져간 사람이 이깁니다.

⑤ C 주머니에서 1개 또는 3개 또는 4개 구슬을 가져가는 경

(그림 3)

우는 아래 (그림 4)와 같이 (1, 4, 5), (1, 4, 3), (1, 4, 2)로
총 3가지입니다.

(그림 4)

ⅰ. (1, 4, 3), (1, 4, 2)인 경우에는 위 ④와 같이 다음 사람이
(1, 2, 3)이 되도록 구슬을 가져가면 반드시 나중에 구슬
을 가져간 사람이 이깁니다.

ⅱ. (1, 4, 5)인 경우에는 다음 사람이 적어도 한 개의 구슬을
가져가야 합니다. 다음 사람이 두 주머니의 구슬 수가 같
거나 한 주머니에서 모두 구슬을 가져갈 때는 (1, 1, 5) 또
는 (1, 4, 1) 또는 (1, 4, 4) 또는 (1, 4) 또는 (4, 5)
또는 (1, 5)가 됩니다.
그 후 두 사람이 번갈아 가져가면 반드시 처음에 구슬을
가져간 사람이 마지막 구슬을 가져가게 돼서 이깁니다.

⑥ 따라서 맨 처음에 C의 주머니에서 1개의 구슬을 가져가면
반드시 이깁니다. (정답)

[정답] 풀이 과정 참조

[풀이 과정]

① 두 사람은 모두 1칸부터 4칸까지 옮길 수 있습니다.
항상 두 사람이 색칠한 칸의 수의 합이 1 + 4 = 5칸이 되
도록 옮깁니다. 바둑돌 A와 B가 맨 끝에 있으므로 옮길 수
있는 총 46칸입니다.
이를 5로 나누면 나머지가 1이 되므로 무우는 바둑돌 A를
1칸 오른쪽으로 옮긴 후 상상이가 바둑돌 B를 왼쪽으로
1칸부터 4칸까지 옮겨도 두 사람이 옮긴 칸의 수가 5칸이
되도록 번갈아 가며 옮깁니다.
마지막에 상상이는 더 이상 옮길 수 없으므로 맨 처음에
바둑돌 A를 1칸 옮긴 무우가 반드시 이깁니다.

② 따라서 처음에 옮기는 무우가 바둑돌 A를 1칸 오른쪽으로
옮겨야지 게임에서 반드시 이깁니다. (정답)

[정답] 풀이 과정 참조

상대방이 부른 수	내가 부르는 수
94, 95	96, 97, 98, 99, 100
94, 95, 96	97, 98, 99, 100
94, 95, 96, 97	98, 99, 100
94, 95, 96, 97, 98	99, 100

[풀이 과정]

① 101을 부르면 지므로 100을 반드시 불러야 게임에서 이
깁니다. 하지만 2개부터 5개까지 불러야 하므로 마지막에
99, 100을 같이 불러야 합니다.
위 (표)와 같이 상대방이 94, 95를 반드시 포함하여 부르
면 나는 반드시 99, 100을 포함하여 불러 반드시 내가 게
임에서 이깁니다.
따라서 상대방이 94와 95를 부르기 위해서는 나는 92, 93
을 반드시 불러야 합니다.

② 내가 이기기 위해서 내 차례마다 마지막으로 불러야 하는
두 수들을 99, 100에서 각각 7씩 뺀 수인 (1, 2), (8, 9), (15,
16), …, (78, 79), (85, 86), (92, 93), (99, 100)입니다.
따라서 자연수를 2개 ~ 5개 불러야 하므로, 내가 맨 처음에
(1, 2)를 불러야 상대방과 관계없이 마지막에 99, 100을 부
를 수 있으므로 먼저 해야 합니다.

③ 따라서 반드시 이기기 위해 내가 먼저 (1, 2)를 부른 후 상
대방이 부른 수의 개수와 내가 부른 수의 개수가 7이 되도
록 번갈아 가며 부르면 먼저 부른 사람이 이깁니다. (정답)

[정답] 풀이 과정 참조

[풀이 과정]

① 무우가 반드시 이기기 위해서는 연속하는 자연수 2개는
반드시 공약수가 1밖에 없다는 생각을 해야 합니다.
(50, 51), (52, 53), (54, 55), (56, 57), (58, 59), …, (98,
99)와 같이 연속하는 2개의 자연수로 묶어서 생각합니다.

② 반드시 이 게임에서는 무우가 나중에 숫자 카드를 뽑아야
합니다.
상상이가 뽑은 숫자 카드가 짝수이면 그 수보다 1만큼 큰
홀수를 뽑고 반대로 상상이가 뽑은 숫자 카드가 홀수이면
그 수보다 1만큼 작은 짝수를 뽑아야 하기 때문입니다.
이를 반복하면 마지막에 두 장의 카드는 반드시 연속되는
두 수가 되어 무우가 이깁니다.

③ 따라서 무우가 나중에 카드를 뽑고 상상이가 뽑는 카드에
적힌 수에 따라 1만큼 크거나 작은 카드를 뽑으면 됩니다.
(정답)

[정답] 풀이 과정 참조

[풀이 과정]

① 아래 (그림)과 같이 먼저 파란색 조각을 A 위치에 놓고 빨
간색 점 대칭으로 다음 사람이 B 위치에 놓습니다.
계속 먼저 하는 사람이 조각을 놓고 빨간색 점 대칭이 되
게 다음 사람이 놓으면 마지막에 먼저 하는 사람이 놓을
공간이 없어집니다.

② 먼저 하는 사람이 어느 곳에 조각을 놓든 나중에 하는 사
람은 빨간색 점 대칭인 곳에 놓을 수 있고, 채워나가면 먼
저 하는 사람이 놓을 곳이 없게 됩니다.
따라서 나중에 하는 사람이 먼저 하는 사람이 놓는 조각의
빨간색 점 대칭인 곳에 놓아 반드시 이깁니다.

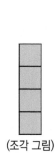

(조각 그림)

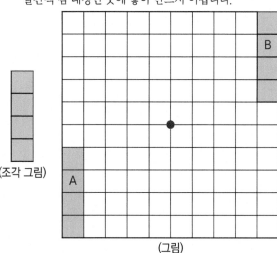

(그림)

정답 및 풀이

심화문제 **01** ········· P. 38

[정답] (1) C 주머니에서 2개 (2) C 주머니에서 4개

(그림 1)

(1) 풀이 과정 1

① (1)의 경우는 무우가 먼저 구슬을 가져갔을 때, 무우가 이기는 경우입니다.
〈연습문제 6번〉과 같이 3개의 주머니의 (1, 4, 5)개의 구슬이 있도록 만듭니다.
그 후 두 사람이 번갈아 구슬을 가져가면 반드시 처음에 구슬을 가져간 사람이 마지막 구슬을 가져가게 돼서 이깁니다.

② 위 (그림 1)과 같이 무우가 C 주머니에서 먼저 2개의 구슬을 가져가면 그다음 상상이는 (1, 5, 4)인 경우에서 구슬을 가져가게 됩니다.
따라서 무우가 게임에서 반드시 이깁니다.

(2) 풀이 과정 2

① (2)의 경우는 상상이가 먼저 B 주머니에서 2개의 구슬을 가져갔을 때, 무우가 그다음에 몇 개의 구슬을 가져가야 이기는 경우입니다.
〈대표 문제 2〉와 같이 3개의 주머니의 (1, 2, 3)개의 구슬이 있도록 만듭니다.
그 후 두 사람이 번갈아 구슬을 가져가면 처음에 구슬을 가져간 사람이 마지막 구슬을 가져가게 되서 이깁니다.

② 따라서 아래 (그림 2)와 같이 먼저 상상이가 B 주머니에서 2개의 구슬을 가져갔으므로 무우는 (1, 3, 6)에서 구슬을 가져가야 합니다. (대표 문제 2)와 같이 무우가 (1, 2, 3)을 만들기 위해 아래 (그림 2)와 같이 C 주머니에서 4개의 구슬을 가져갑니다.
그 후 두 사람이 번갈아 구슬을 가져가면 반드시 무우가 이기게 됩니다.

(그림 2)

③ 따라서 (1)의 경우 무우는 C 주머니에서 2개의 구슬을 먼저 가져가야 하고 (2)의 경우 상상이가 먼저 B 주머니에서 2개를 가져간 후 무우는 C 주머니에서 4개의 구슬을 가져가야 합니다. (정답)

심화문제 **02** ········· P. 39

[정답] 15개

무우	상상	무우		상상
30개 중	남은 15 중			남은 7개 중
15개	1개	14개 중	7개	1개
	2개	13개 중	6개	2개
	3개	12개 중	5개	3개
	4개	11개 중	4개	
	5개	10개 중	3개	
	6개	9개 중	2개	
	7개	8개 중	1개	

무우		상상	무우	상상
		남은 3개 중	2개 중	남은 1개 중
6개 중	3개	1개	1개	없음
5개 중	2개			
4개 중	1개			

(표)

[풀이 과정]

① 한 개가 남아있을 때 $\frac{1}{2}$개를 꺼낼 수 없으므로 무우가 반드시 이기기 위해서 마지막에 상상이가 상자 안에 1개의 구슬이 남아 더 이상 꺼낼 수 없게 만듭니다.
그러기 위해서는 마지막 전인 무우가 2개 중의 1개를 꺼내야 1개가 남습니다. 무우가 2개 중 1개를 꺼내기 위해서 상상이는 3개 중의 1개를 꺼낼 수밖에 없습니다.
따라서 무우는 상상이가 3개 중에 구슬을 1개 꺼내게 해야 합니다.

② 위 (표)와 같이 7개가 남았을 때 상상이가 1개부터 3개까지 꺼낼 수 있습니다.
이에 따라 무우는 6개 중 3개 또는 5개 중 2개 또는 4개 중 1개를 꺼내 다음 상상이에게 3개의 구슬 중 한 개를 꺼내게 합니다.

③ 위 (표)와 같이 상상이가 15개일 때 7개 이하로 꺼낼 수 있습니다. 이에 따라 무우는 14개 중의 7개, 13개 중의 6개, … 8개 중의 1개를 꺼내서 상상이가 반드시 7개 중에 3개 이하를 꺼내게 합니다.

④ 상상이가 15개 중의 7개 이하를 꺼내려면 무우는 30개 중의 15개를 꺼내야 합니다.
따라서 무우는 처음에 30개 중의 15개를 꺼내야 합니다. (정답)

[정답] 6개

상상	무우	상상	무우	상상	무우
2	3	4, 5	6	7~11	12

상상	무우	상상	무우	상상	무우
13~23	25	26~49	50	51~99	100

(표)

[풀이 과정]

① 거꾸로 생각하면 무우가 먼저 100을 부른다면 상상이는 반드시 51부터 99까지 중의 한 개의 수를 불러야 합니다. 상상이가 51부터 99까지 중의 한 개를 부르기 위해 그 전에 무우가 50을 부르면 됩니다.

무우가 반드시 50을 부르기 위해서 상상이는 그 전에 26부터 49까지 중의 한 개의 수를 불러야 합니다.

상상이가 26부터 49까지 중의 한 개를 부르기 위해 그 전에 무우는 25를 부르면 됩니다.

무우가 반드시 25를 부르기 위해서 상상이는 그 전에 13부터 23까지 중의 한 개의 수를 불러야 합니다.

상상이가 13부터 23까지 중의 한 개를 부르기 위해 그 전에 무우는 12를 부르면 됩니다.

무우가 반드시 12를 부르기 위해서 상상이는 그 전에 7부터 11까지 중의 한 개의 수를 불러야 합니다.

상상이가 7부터 11까지 중의 한 개를 부르기 위해 그 전에 무우는 6을 부르면 됩니다.

무우가 반드시 6을 부르기 위해서 상상이는 그 전에 4 또는 5를 부르면 됩니다. 상상이가 4 또는 5를 부르기 위해 그 전에 무우는 3을 부르면 됩니다.

② 맨 처음에 상상이가 2를 불러서 무우는 3을 부를 수 있습니다.

따라서 위 (표)와 같이 무우가 반드시 이기기 위해 무우는 최소 6개의 수만 부르면 됩니다. (정답)

[정답] 3

[풀이 과정]

① 무우가 먼저 8을 적었으므로 1, 2, 4를 쓸 수 없습니다. 그다음 상상이가 5를 적었습니다. 그러면 무우는 나머지 3, 6, 7, 9, 10 중에 한 개의 수를 적을 수 있습니다.

ⅰ. 무우가 10을 적을 경우
상상이는 3, 6, 7, 9 중에 한 개의 수를 적을 수 있습니다. 이 중에 상상이가 6 또는 9를 적으면 3을 적을 수 없습니다. 나머지 7, 9 또는 6, 7이 남습니다. 나머지 두 수를 번갈아 가며 적으면 마지막에 상상이가 적으므로 무우가 집니다.

ⅱ. 무우가 9를 적을 경우
상상이는 3을 제외한 6, 7, 10 중에 한 개의 수를 적을 수 있습니다. 이 중에 상상이가 어떤 수를 적어도 마지막에 상상이가 적으므로 무우가 집니다.

ⅲ. 무우가 7을 적을 경우
상상이는 3, 6, 9, 10 중에 한 개의 수를 적을 수 있습니다. 이 중에 상상이가 6 또는 9를 적으면 3을 적을 수 없습니다. 나머지 수는 9, 10 또는 6, 10이 남습니다.
나머지 두 수를 번갈아 가며 적으면 마지막에 상상이가 적으므로 무우가 집니다.

ⅳ. 무우가 6을 적을 경우
상상이는 9, 7, 10 중에 한 개의 수를 적을 수 있습니다. 이 중에 상상이가 어떤 수를 적어도 마지막에 상상이가 적으므로 무우가 집니다.

ⅴ. 무우가 3을 적을 경우
상상이는 6, 7, 9, 10 중에 한 개의 수를 적을 수 있습니다. 이 중에 상상이가 어떤 수를 적어도 마지막에 무우가 적으므로 상상이가 집니다.
따라서 무우가 이깁니다.

② 무우가 먼저 8을 적고 그다음 상상이가 5를 적은 후 다음에 무우는 3을 적어야지 반드시 무우가 이깁니다. (정답)

[정답] 풀이 과정 참조

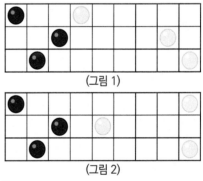

(그림 1)

(그림 2)

[풀이 과정]

① 검은 돌과 흰 돌 사이의 칸의 개수를 각각 세면 (7, 4, 6)입니다. 이는 주머니 3개 안에 각각 구슬이 7개, 4개, 6개일 때, 구슬을 제한 없이 가져가는 경우와 같습니다.
무우가 먼저 시작할 때, 무우가 반드시 이기는 방법은 (연습문제 6번)과 같이 3개의 각 칸을 (1, 4, 5)가 되도록 만들거나 (대표 문제 2번)과 같이 3개의 각 칸을 (1, 2, 3)이 되도록 만듭니다. 세 줄의 각 칸이 (7, 4, 6)이므로 한 번에 (1, 4, 5) 또는 (1, 2, 3)을 만들 수 없습니다.

② 하지만 (1, 2, 3)은 (1 × 2, 2 × 2, 3 × 2) = (2, 4, 6)입니다. (7, 4, 6)에서 처음에 무우가 한 줄에서만 흰 돌을 옮기면 (2, 4, 6)을 만들 수 있습니다.

또한, (1, 6, 7)일 경우 상대방이 어떤 줄에서 몇 칸을 옮기든지 무우는 (1, 2, 3) 또는 (1, 4, 5)를 만들 수 있어서 반드시 무우가 이깁니다.

③ 예를 들어, 만약 위 (그림 1)과 같이 무우가 첫 번째 줄에서 흰 돌을 왼쪽으로 5칸 움직일 때, 검은 돌과 흰 돌 사이의 칸의 개수는 (2, 4, 6)입니다.

그러면 상대방이 어떤 줄에서 검은 돌을 한 칸만 옮기면 무우가 반드시 (1, 2, 3) 또는 (1, 4, 5)를 만들어 마지막에 상상이가 옮길 곳이 없어 반드시 무우가 이깁니다.

또한, 상대방이 두 줄의 칸수가 같거나 한 줄의 칸을 없앨 수 있습니다. (2, 2, 6) 또는 (2, 4, 4) 또는 (2, 4, 2) 또는 (2, 4) 또는 (2, 6) 또는 (4, 6)이 됩니다.

그 후 두 사람이 번갈아 가며 바둑돌을 옮기면 마지막에 상상이는 검은 돌은 옮길 곳이 없어서 무우가 반드시 이깁니다.

④ (그림 2)와 같이 무우가 먼저 두 번째 줄의 흰 돌을 왼쪽으로 3칸 옮겨 각 칸의 수를 (1, 6, 7)을 만들면 ③과 같은 방법으로 서로 번갈아 가며 바둑돌을 옮기면 무우가 반드시 이깁니다.

⑤ 따라서 무우는 첫 번째 줄에서 흰 돌을 왼쪽으로 5칸 옮기거나 두 번째 줄에서 흰 돌을 왼쪽으로 3칸 옮기면 무우가 반드시 이깁니다. (정답)

창의적문제해결수학　**02**　·············· P. 43

[정답] 풀이 과정 참조

[풀이 과정]

① B 위치에 먼저 무우가 바둑돌을 놓아야 합니다.
반드시 ⓐ 위치에 무우가 놓습니다. ⓐ 위치에 바둑돌을 놓으면 상상이는 반드시 오른쪽으로 한 칸밖에 못 가므로 반드시 B 위치에 무우가 바둑돌을 놓을 수 있습니다.

② 무우는 처음 A 위치에서 오른쪽으로만 갈 수 있습니다.
(그림 1)과 같이 오른쪽으로 한 칸만 이동한 노란색 ⓑ 위치에 놓았을 때, 상상이는 위로 한 칸 또는 오른쪽으로 한 칸 이상을 갈 수 있습니다.
만약 상상이가 위로 한 칸 이동했을 경우 무우는 오른쪽으로 한 칸 이동한 ⓒ 위치로 옮깁니다.
반대로 상상이가 오른쪽으로 두 칸 이동했을 경우 무우는 위로 두 칸 이동한 ⓓ 위치로 옮깁니다.

③ 따라서 상상이가 위로 한 칸 이동했을 때 무우는 반드시 오른쪽으로 한 칸만 이동하고 상상이가 오른쪽으로 이동했을 때, 무우는 상상이가 이동한 만큼 위로 이동합니다.

④ 이외에도 (그림 2)부터 (그림 8)까지는 먼저 무우가 오른쪽으로 2칸 이상 옮겼을 때입니다. 이 경우는 모두 상상이가 파란색 칸에 놓는다면 반드시 무우가 게임에서 지게 됩니다.
따라서 무우는 처음에 오른쪽으로 한 칸만 옮겨야 합니다.

⑤ 따라서 (그림 1)과 같이 무우는 먼저 오른쪽으로 한 칸 옮긴 노란색 ⓑ 칸에 바둑돌을 놓고 상상이가 오른쪽으로 옮긴 만큼 위로 바둑돌을 옮기고 상상이가 위로 한 칸 옮긴 만큼 바둑돌을 오른쪽으로 한 칸 옮기면 됩니다.
이 방법을 반복하면 무우는 마지막에 B에 바둑돌을 놓아 게임에서 이깁니다. (정답)

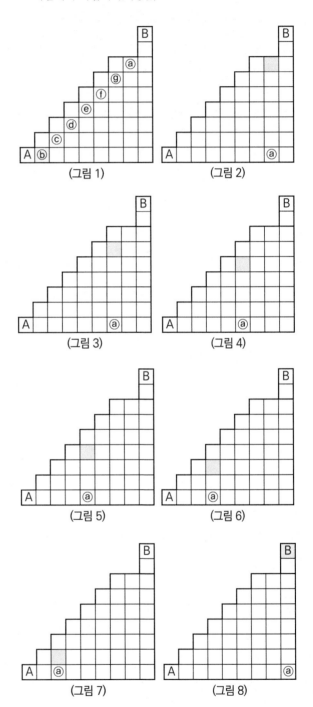

(그림 1)　　　(그림 2)

(그림 3)　　　(그림 4)

(그림 5)　　　(그림 6)

(그림 7)　　　(그림 8)

3. 강 건너기

대표문제1 확인하기 ·········· P. 49

[정답] 풀이 과정 참조

[풀이 과정]

① 고양이를 A라고 놓고 강아지를 B라고 놓습니다. 아래 (그림 1)과 같이 처음 장소와 나중 장소로 구분하여 먼저 강아지 2마리를 옮깁니다.

처음 장소로 다시 돌아올 때 반드시 배는 한 마리 이상 태워야 하므로 강아지 1마리를 처음 장소로 옮깁니다.

세 번째 강을 건널 때, 고양이 2마리를 옮긴 후 다시 처음 장소로 돌아갈 때 강아지 1마리를 옮깁니다.

마지막에 강아지 2마리를 모두 나중 장소로 옮기면 강아지 2마리와 고양이 2마리 모두 무사히 도착합니다.

따라서 5번만에 강을 건널 수 있습니다.

② 아래 (그림 1) 외에도 아래 (그림 2)의 방법도 있습니다.

첫 번째와 두 번째 강을 건너는 방법만 다르고 그 이후 모두 (그림 1)과 방법이 같습니다. (정답)

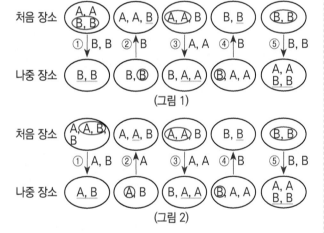

(그림 1)

(그림 2)

대표문제2 확인하기 1 ·········· P. 51

[정답] (무우, 딸기), (상상, 수박), (알알, 사과),(제이, 참외)

	무우	상상	알알	제이
사과			O	X
딸기	O			
참외				O
수박		O		

(표)

[풀이 과정]

① 첫 번째 조건에서 사과를 선택한 친구는 제이의 가장 친한 친구이므로 제이는 사과를 선택하지 않았습니다.

세 번째 조건에서 상상이는 수박을 선택했습니다.

위 (표)의 파란색 칸에 X와 O 표시를 각각 합니다.

② 위의 세 번째 조건에서 상상이가 이미 수박을 선택했으므로 알알이는 수박을 선택하지 않습니다.

두 번째 조건에 따라 알알이는 수박을 선택하지 않아 무우는 딸기를 선택합니다.

제이는 사과, 딸기, 수박을 선택하지 못하므로 참외를 선택합니다.

알알이는 나머지 사과를 선택합니다.

③ 따라서 각각 사람들이 선택한 과일은 (무우, 딸기), (상상, 수박), (알알, 사과), (제이, 참외)입니다. (정답)

대표문제2 확인하기 2 ·········· P. 51

[정답] (무우, 과학), (상상, 수학), (알알, 영어), (제이, 국어)

	무우	상상	알알	제이
국어	X	X		O
수학		O		
영어			O	
과학	O	X		X

(표)

[풀이 과정]

① 첫 번째 조건에서 상상이의 친구가 과학을 좋아하므로 상상이는 과학을 좋아하지 않습니다.

두 번째, 네 번째 조건에 따라 위 (표)의 파란색 칸에 X 표시합니다.

세 번째 조건에 따라 위 (표)의 노란색 칸에 O 표시합니다.

② 위 (표)에서 상상이는 수학 또는 영어 중 한 과목을 좋아합니다. 알알이가 영어를 좋아하므로 상상이는 수학을 좋아합니다.

이에 따라 무우는 과학을 좋아하고 마지막에 제이는 국어를 좋아합니다.

③ 따라서 각각 사람들이 좋아하는 과목은 (무우, 과학), (상상, 수학), (알알, 영어), (제이, 국어)입니다. (정답)

[정답] (무우, 6살), (상상, 5살), (알알, 12살), (제이, 10살)

[풀이 과정]

① 첫 번째 조건에 따라 알알이와 무우의 나이는 각각 (12살, 6살) 또는 (10살, 5살)입니다.

② 먼저 알알이와 무우의 나이가 각각 (10살, 5살)이라면 두 번째 조건에서 무우보다 나이가 적은 사람이 없게 되므로 모순이 생깁니다.
따라서 알알이와 무우의 나이는 각각 (12살, 6살)입니다.

③ 세 번째 조건에 따라 상상이보다 제이의 나이가 더 많으므로 나머지 10살, 5살 중에 제이는 10살이고 상상이는 5살입니다.

④ 따라서 (무우, 6살), (상상, 5살), (알알, 12살), (제이, 10살)입니다. (정답)

[정답] 11번

[풀이 과정]

① 한 번 배로 건널 때 최대 5명까지 탈 수 있습니다.
하지만 배를 운전할 사람은 한 명이 꼭 필요하므로 처음 장소로 돌아올 때, 1명을 다시 와야 합니다.
따라서 배가 왕복으로 사람을 4명씩 옮길 수 있습니다.

② 22 ÷ 4 = 5 … 2이므로 배로 5번 왕복하고 마지막에 2명을 배로 한꺼번에 옮기면 됩니다.
따라서 5번 왕복이므로 5 × 2 = 10번과 2명을 한 번에 옮기는 횟수까지 더하면 총 11번 건너야 합니다.

③ 아래 (표)와 같이 배로 총 11번만 건너서 22명 모두를 옮길 수 있습니다. (정답)

처음 장소	17명	18명	13명	14명	9명	10명	5명	6명	1명	2명	0명
이동 방향	↓5	↑1	↓5	↑1	↓5	↑1	↓5	↑1	↓5	↑1	↓2
나중 장소	5명	4명	9명	8명	13명	12명	17명	16명	21명	20명	22명

(표)

[정답] (1번 선수, 2등), (2번 선수, 4등), (3번 선수, 1등), (4번 선수, 3등)

[풀이 과정]

① 1번 선수의 말에 따라 1번 선수는 1등이 아니고 4등한 선수의 말에 따라 1번 선수는 3등과 4등이 아닙니다.
따라서 1번 선수는 2등입니다.
이에 따라 3번 선수는 1번 선수보다 먼저 들어갔으므로 1등입니다.

② 관객의 말에 따라 4명의 선수들의 번호와 등수는 다르므로 4번 선수는 4등이 아니므로 위의 1번 선수와 3번 선수의 등수인 1등, 2등을 제외한 3등입니다.
마지막 2번 선수는 4등입니다.

③ 따라서 각 선수의 등수는 (1번 선수, 2등), (2번 선수, 4등), (3번 선수, 1등), (4번 선수, 3등)입니다. (정답)

[정답] 풀이 과정 참조

상점	ⓐ	ⓑ	ⓒ
물건	신발	가방	옷
사람			

(표 1)

[풀이 과정]

① 다섯 번째 조건에 따라 ⓐ 상점은 신발을 팝니다.
세 번째 조건에 따라 ⓑ 가게에는 옷을 팔지 않으므로 신발과 옷을 제외한 가방을 팝니다.
따라서 마지막 ⓒ 가게는 옷을 팝니다.
위 (표 1)과 같이 각 상점에 파는 물건을 적습니다.

② 첫 번째 조건과 네 번째 조건에 따라 무우는 ⓑ 가게에서 사지 않고 옷도 사지 않았습니다.
따라서 무우는 ⓐ 가게에서 신발을 샀습니다.
두 번째 조건에 따라 상상이는 ⓒ 가게에서 물건을 사지 않았으므로 ⓐ 가게를 제외한 ⓑ 가게에서 가방을 샀습니다.
마지막으로 알알이는 ⓒ 가게에서 옷을 샀습니다. 아래 (표 2)와 같이 각 상점에서 물건을 산 사람들을 적습니다.

③ 따라서 3명의 친구들은 각각 (무우, ⓐ 가게, 신발), (상상, ⓑ 가게, 가방), (알알, ⓒ 가게, 옷)을 샀습니다. (정답)

상점	ⓐ	ⓑ	ⓒ
물건	신발	가방	옷
사람	무우	상상	알알

(표 2)

연습문제　**05**　⋯⋯⋯⋯⋯⋯⋯⋯⋯⋯ P. 53

[정답] 무우 7번, 상상이 3번

[풀이 과정]

① 세 번째 조건에 따라 두 명의 가위바위보는 비기는 경우가 없으므로 무우가 바위를 내면 상상이는 반드시 가위와 보만 냅니다.

② 무우가 바위를 6번 냈을 때마다 상상이는 가위 4번과 보 2번을 냈습니다.
따라서 바위는 가위에는 이기고 보에는 지므로 무우와 상상이는 각각 4번과 2번 이겼습니다.

③ 상상이가 4번 바위를 냈을 때마다 무우는 가위 1번과 보 3번을 냈습니다.
위와 같은 방법으로 무우와 상상이는 각각 3번과 1번 이겼습니다.

④ 따라서 총 10번의 가위바위보 중에서 무우는 7번 이기고 상상이는 3번 이겼습니다. (정답)

연습문제　**06**　⋯⋯⋯⋯⋯⋯⋯⋯⋯⋯ P. 53

[정답] (무우, 하일), (상상, 미연), (알알, 수아), (제이, 현수)

	무우	상상	알알	제이
현수	X	X	X	O
미연	X	O	X	X
하일	O	X	X	X
수아	X	X	O	X

(표)

[풀이 과정]

① 첫 번째 조건에서 무우, 상상, 알알, 제이가 달리기 대회에 참가했으므로 서로 같은 반이 아닙니다.
따라서 위 (표)와 같이 무우, 상상, 알알, 제이를 첫 번째 가로줄에 적고 나머지 현수, 미연, 하일, 수아를 첫 번째 세로줄에 적습니다.

② 두 번째 조건에서 현수는 무우, 알알이와 같은 반이 아니고 세 번째 조건에서 현수는 상상이와 같은 반이 아닙니다.
따라서 현수는 제이와 같은 반입니다.

③ 네 번째 조건에서 수아는 한 번도 달리기 대회에 참여하지 않았으므로 첫 번째부터 세 번째 달리기 시합에 모두 참가한 학생인 알알이가 수아와 같은 반입니다.

④ 두 번째 조건에서 미연은 무우, 알알이와 같은 반이 아니므로 상상이와 같은 반입니다.
나머지 하일은 무우와 같은 반입니다.

⑤ 따라서 같은 반 친구들은 각각 (무우, 하일), (상상, 미연), (알알, 수아), (제이, 현수)입니다. (정답)

연습문제　**07**　⋯⋯⋯⋯⋯⋯⋯⋯⋯⋯ P. 54

[정답] 월 – E, 화 – B, 수 – D, 목 – A, 금 – C, 토 – G, 일 – F

[풀이 과정]

① 첫 번째 조건에 따라 GF이고 두 번째와 세 번째 조건에 따라 E□D와 B□□C입니다. □에는 나머지 상점들이 들어갑니다.

② 네 번째 조건에 따라 B와 G의 중앙에 A가 있으므로 만약 B□□C 사이 □ 안에 GF이 들어간다면 BGFC로 B와 G 중앙에 A가 들어갈 수 없습니다.
따라서 E□D와 B□□C가 교차한 경우를 생각합니다.

③ E□D와 B□□C가 교차한 경우는 B□ECD, EBD□C로 총 2가지가 있습니다. 각 경우의 □ 안에는 1개의 상점이므로 GF가 들어가지 못하고 A만 들어갑니다.
ⅰ. BAECD일 경우, 맨 앞 또는 맨 끝에 GF를 놓습니다.
그러면 GFBAECD 또는 BAECDGF가 됩니다.
두 경우는 A가 B와 G의 중앙에 있지 않습니다.
따라서 네 번째 조건에 맞지 않습니다.
ⅱ. EBDAC일 경우, 맨 앞 또는 맨 끝에 GF를 놓습니다.
그러면 GFEBDAC 또는 EBDACGF가 됩니다.
두 경우 중 GFEBDAC는 네 번째 조건에 맞지 않습니다.
EBDACGF의 경우 네 번째 조건에 만족합니다.

④ 따라서 A가 목요일 경우, 월 – E, 화 – B, 수 – D, 목 – A, 금 – C, 토 – G, 일 – F로 각 상점이 문을 닫는 요일을 찾을 수 있습니다. (정답)

연습문제　**08**　⋯⋯⋯⋯⋯⋯⋯⋯⋯⋯ P. 54

[정답] 11번

[풀이 과정]

① 강아지를 A, B, C라고 놓고 각 강아지 주인을 a, b, c로 놓습니다. 아래 (그림)과 같이 먼저 한 강아지와 주인을 옮긴 후 다시 강아지를 처음 장소에 놓습니다.
강아지끼리 같은 장소에 있을 경우는 서로 공격하지 않습니다.
또한, 강아지의 주인들만 있는 경우도 서로 괜찮습니다.

② 이외에도 처음에 옮기는 방법만 다르고 나머지 부분은 똑같은 방법이 있습니다.
따라서 배로 최소 11번 건너면 나중 장소로 3마리의 강아지와 3명의 강아지 주인이 무사히 강을 건널 수 있습니다.
(정답)

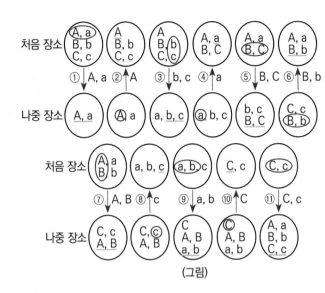

처음 장소 / ① A, a ② A ③ b, c ④ a ⑤ B, C ⑥ B, b
나중 장소
처음 장소 / ⑦ A, B ⑧ c ⑨ a, b ⑩ C ⑪ C, c
나중 장소

(그림)

연습문제 09 ·········· P. 55

[정답] A : B = 1 : 5, C : B = 1 : 2, A : C = 3 : 3

팀 이름	이긴 수	진 수	비긴 수	골 넣은 수	골 잃은 수
A팀			1	4	8
B팀	2			ⓐ = 7	2
C팀				4	5

(표)

[풀이 과정]

① 위 (표)와 같이 주어진 조건 3개로 각 표에 쓸 수 있는 수를 적습니다. 3팀이 모두 골을 잃은 수의 합은 3팀이 모두 골을 넣은 수의 합과 같습니다.
   따라서 8 + 2 + 5 = 4 + ⓐ + 4이므로 ⓐ = 7입니다.

② B팀은 A팀과 C팀과 각각 경기했을 때 모두 이겼으므로 골을 잃은 수에서 A팀에게 모두 2골을 잃었거나 C팀에게 모두 2골을 잃었거나 A팀과 C팀에 각각 1골씩 잃을 수 있습니다.
   ⅰ. B팀이 A팀에게 모두 2골을 잃을 경우
      A 대 B의 점수는 2 대 ⓑ이고 C 대 B는 0 대 ⓒ입니다. 이때, A팀이 2골을 넣었으므로 나머지 2골은 C팀과 경기에서 넣어야 합니다.
      A팀은 한 번 비겼으므로 A 대 C의 점수는 2 대 2가 됩니다. 하지만 C팀이 4골을 넣어야 하는데 총 2골만 넣게 되어 모순이 생깁니다.
   ⅱ. B팀이 C팀에게 모두 2골을 잃을 경우에도 위의 ⅰ.과 같이 A팀이 4골을 넣어야 하는데 총 2골만 넣게 되어 모순이 생깁니다.
   ⅲ. B팀이 A팀과 C팀에게 각각 1골씩 잃었을 경우
      A 대 B의 점수는 1 대 ⓑ이고 C 대 B는 1 대 ⓒ입니다. 각각 A팀과 C팀은 1골을 넣고 나머지 3골은 서로 A 대 C의 경기에서 3 대 3으로 비깁니다.

그러면 A팀이 골을 잃은 수는 3 + ⓑ = 8이 되고 C팀이 골을 잃은 수는 3 + ⓒ = 5가 됩니다.
따라서 ⓑ = 5이고 ⓒ = 2입니다.
총 B팀이 골 넣은 수인 7과 같습니다.

③ 따라서 각 팀이 시합한 결과는 A 대 B = 1 대 5이고, C 대 B = 1 대 2이고, A 대 C = 3 대 3입니다. (정답)

연습문제 10 ·········· P. 55

[정답] 9번

[풀이 과정]

① 천사를 A로 두고 악마를 B로 놓습니다. 아래 (표 1)과 같이 처음 장소에서 악마 4명만 나중 장소로 옮기고 다시 악마 한 명만 처음 장소로 옮깁니다.
   그 후 천사의 수보다 악마의 수가 더 적거나 같도록 옮기면 총 9번 배로 강을 건너면 모두 무사히 건널 수 있습니다.

② 아래 (표 1)의 방법 외에도 아래 (표 2)는 먼저 천사 2명과 악마 2명을 옮기고 다시 천사 1명과 악마 1명만 처음 장소로 옮깁니다.
   그 후 천사와 악마의 수가 같도록 유지하며 옮기면 총 9번 배로 강을 건너면 모두 무사히 건널 수 있습니다. (정답)

횟수	1	2	3	4	5	6	7	8	9
처음 장소	A × 6 B × 2	A × 6 B × 3	A × 3 B × 3	A × 4 B × 4	B × 4	B × 5	B × 1	B × 2	
이동 방향	↓B × 4	↑B × 1	↓A × 3	↑A × 1 B × 1	↓A × 4	↑B × 1	↓B × 4	↑B × 1	↓B × 2
나중 장소	B × 4	B × 3	A × 3 B × 2	A × 2 B × 2	A × 6 B × 1	A × 6 B × 5	A × 6 B × 4	A × 6 B × 2	

(표 1)

횟수	1	2	3	4	5	6	7	8	9
처음 장소	A × 4 B × 4	A × 5 B × 5	A × 3 B × 3	A × 4 B × 4	A × 2 B × 2	A × 3 B × 3	A × 1 B × 1	A × 2 B × 2	
이동 방향	↓A × 2 B × 2	↑A × 1 B × 1	↓A × 2 B × 2	↑A × 1 B × 1	↓A × 2 B × 2	↑A × 1 B × 1	↓A × 2 B × 2	↑A × 1 B × 1	↓A × 2 B × 2
나중 장소	A × 2 B × 2	A × 1 B × 1	A × 3 B × 3	A × 2 B × 2	A × 4 B × 4	A × 3 B × 3	A × 5 B × 5	A × 4 B × 4	A × 6 B × 6

(표 2)

심화문제 01 ·········· P. 56

[정답] 풀이 과정 참조

[풀이 과정]

① 첫 번째 조건에 따라 A와 C와 E는 모두 대전, 대구, 경주 사람이 아닙니다. 두 번째 조건에 따라 A와 D는 포항, 서울, 경주 사람이 아닙니다. 세 번째 조건에 따라 B와 C와 D는 서울, 대전 사람이 아닙니다.
   이 조건들을 따라 아래 (표)에 X 표시를 합니다.

② 아래 (표)와 같이 각 줄의 X 표시가 많은 줄부터 파란색에 O 표시를 합니다.

따라서 각 승객의 주소는 (A, 수원), (B, 경주), (C, 포항), (D, 대구), (E, 서울), (F, 대전)입니다. 각 승객의 직업은 첫 번째 조건에 따라 (A, 의사), (B, 군인), (C, 교사), (D, 교사), (E, 군인), (F, 의사)입니다. (정답)

	서울	수원	대전	대구	경주	포항
A	X	O	X	X	X	X
B	X		X		O	
C	X		X	X	X	O
D	X		X	O	X	X
E	O			X	X	
F			O		X	X

(표)

심화문제 02 ·········· P. 57

[정답] 7번

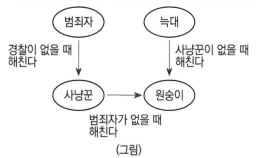

(그림)

[풀이 과정]

① 위 (그림)과 같이 누군가 없을 때 해치는 경우를 그렸습니다. 배에는 두사람 또는 한사람과 동물 한 마리만 탈 수 있습니다.

따라서 (사냥꾼, 늑대), (범죄자, 원숭이)의 경우 같이 있을 때 서로 해치지 않습니다. 이 조건을 생각하여 아래 (표 1)과 같이 처음 장소에서 사냥꾼과 늑대만 나중 장소로 옮기고 다시 사냥꾼만 처음 장소로 옮깁니다.

그 후 늑대와 사냥꾼을 나중 장소로 옮기면 총 7번 배로 강을 건너면 모두 무사히 건널 수 있습니다.

② 아래 (표 1)의 방법 외에도 아래 (표 2)는 먼저 원숭이와 범죄자를 옮기고 다시 범죄자만 처음 장소로 옮깁니다.

그 후 범죄자와 원숭이가 나중 장소로 옮기면 총 7번 배로 강을 건너면 모두 무사히 건널 수 있습니다.(정답)

횟수	1	2	3	4	5	6	7
처음 장소	경찰, 범죄자 원숭이	경찰, 범죄자 원숭이 사냥꾼	범죄자 원숭이	경찰, 범죄자 원숭이	원숭이	원숭이 범죄자	
이동 방향	↓사냥꾼, 늑대	↑사냥꾼	↓경찰, 사냥꾼	↑경찰	↓경찰, 범죄자	↑범죄자	↓원숭이, 범죄자
나중 장소	사냥꾼, 늑대	늑대	늑대, 경찰 사냥꾼	늑대 사냥꾼	늑대, 경찰 범죄자 사냥꾼	늑대, 경찰 사냥꾼	늑대, 경찰 범죄자, 사냥꾼, 원숭이

(표 1)

횟수	1	2	3	4	5	6	7
처음 장소	경찰, 사냥꾼 늑대	경찰, 범죄자 늑대 사냥꾼	늑대, 사냥꾼	경찰, 늑대 사냥꾼	늑대	늑대, 사냥꾼	
이동 방향	↓원숭이, 범죄자	↑범죄자	↓경찰, 범죄자	↑경찰	↓경찰, 사냥꾼	↑사냥꾼	↓늑대, 사냥꾼
나중 장소	원숭이, 범죄자	원숭이	경찰, 범죄자 원숭이	범죄자 원숭이	경찰, 범죄자 원숭이, 사냥꾼	경찰, 범죄자 원숭이	늑대, 경찰, 범죄자 사냥꾼, 원숭이

(표 2)

심화문제 03 ·········· P. 58

[정답] 17번

[풀이 과정]

① 조건에 따라 (조련사, 호랑이) 또는 (엄마, 딸) 또는 (아빠, 아들), (조련사, 딸 또는 아들)이 같이 있으면 서로 공격하지 않습니다. 딸을 A로 놓고 아들을 B로 놓습니다. 아래 (표 1)은 먼저 조련사와 호랑이를 같이 보낸 후 다시 조련사만 처음 장소로 이동시킵니다.

배는 조련사와 엄마와 아빠만 운전할 수 있으므로 딸 또는 아들은 혼자 못 보냅니다.

② 아래 (표 1)이어서 (표 2)에서도 (조련사, 호랑이)를 2번을 옮기면서 나중 장소에 엄마와 딸 2명과 아빠와 아들 1명이 있도록 만듭니다.

(표 2)를 이어서 아래 (표 3)에서는 아들 1명을 조련사와 함께 나중 장소로 옮깁니다. 총 17번 배로 강을 건너면 모두 무사히 건널 수 있습니다. (정답)

횟수	1	2	3	4	5	6	7
처음 장소	엄마, A, A 아빠, B, B	엄마, A, A 아빠, B, B 조련사	엄마, A 아빠, B, B	엄마, A 아빠, B, B 조련사, 호랑이	아빠, B, B 조련사, 호랑이	엄마, 아빠, B, B 조련사, 호랑이	B, B 조련사 호랑이
이동 방향	↓조련사, 호랑이	↑조련사	↓조련사, A	↓조련사, A	↑엄마, A	↑엄마	↓엄마 아빠
나중 장소	조련사, 호랑이	호랑이	조련사 호랑이, A	A	엄마, A, A	A, A	엄마, A, A 아빠

(표 1)

횟수	8	9	10	11	12	13	14
처음 장소	B, B, 아빠 조련사 호랑이	B, B, 아빠	B, B, 아빠 엄마	B, B	B, B, 아빠	B	조련사, 호랑이 B
이동 방향	↑아빠	↓조련사, 호랑이	↑엄마	↓엄마 아빠	↓아빠	↓B, 아빠	↑조련사 호랑이
나중 장소	엄마 A, A	조련사 호랑이, 엄마, A, A	조련사 호랑이 A, A, 엄마	조련사, 호랑이 A, A 엄마 아빠	조련사, 호랑이 A, A, 엄마	조련사, 호랑이 A, A, 엄마 B, 아빠	A, A, 엄마 B, 아빠

(표 2)

횟수	15	16	17
처음 장소	호랑이	호랑이 조련사	
이동 방향	↓조련사 B	↑조련사	↓호랑이 조련사
나중 장소	A, A, 엄마 B, B, 아빠 조련사	A, A, 엄마 B, B, 아빠	A, A, 엄마 B, B, 아빠 호랑이, 조련사

(표 3)

심화문제 **04** ·········· P. 59

[정답] C

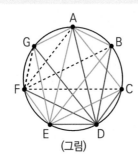

(그림)

[풀이 과정]

① 위 (그림)과 같이 원 위에 A부터 G까지 점을 찍습니다. 여섯 개의 조건에 따라 각각 이겼을 경우 선분을 서로 다르게 그립니다.

② 먼저 두 번째 조건에 따라 D는 6판을 모두 이겼으므로 빨간색 선으로 A, B, C, E, F, G를 모두 연결합니다.
첫 번째 조건에 따라 E는 5판만 이겼으므로 파란색 선으로 F, G, A, B, C를 연결합니다.
여섯 번째 조건에 따라 F는 4판만 이겼으므로 점선으로 G, A, B, C를 연결합니다.

③ 네 번째 조건에 따라 A는 3판 이기고 3판 졌으므로 이미 D, E, F에게 졌으므로 나머지 B, C, G에게 이겨야 합니다.
초록색 선으로 B, C, G를 연결합니다.

④ 다섯 번째 조건에서 B는 1판 이기고 1판 무승부입니다.
B가 이기거나 무승부인 사람은 G 또는 C입니다.
하지만 세 번째 조건에서 G는 한 판만 이기고 무승부가 없으므로 B는 C와 무승부입니다.
따라서 B는 G를 이겼고 C와 무승부입니다.

⑤ 따라서 G는 B에게 졌으므로 C와의 한 판에서 이겼습니다.
(정답)

창의적문제해결수학 **01** ·········· P. 60

[정답] 풀이 과정 참조

[풀이 과정]

① 첫 번째 조건에 따라 무우가 상상이 옆에 앉는 경우는 아래 (그림 1)부터 (그림 4)까지 4가지입니다.

② 두 번째 조건에 따라 각 (그림)에 제이를 마주보는 사람에 탁구를 적습니다. 세 번째 조건에 따라 (그림 1)과 (그림 3)은 알알이의 왼쪽에 있는 사람은 탁구를 좋아하므로 모순이 생깁니다. (그림 2)와 (그림 4)에서 알알이의 왼쪽 사람은 둘 다 제이입니다.
따라서 제이는 야구를 좋아합니다.

③ (그림 2)에서 무우와 제이가 왼쪽에는 각각 알알, 상상이가 있으므로 옆에 여학생이 앉아있습니다. 하지만 무우와 제이는 각각 탁구와 야구를 좋아하기 때문에 네 번째 조건에서 축구를 좋아하는 것에 모순이 생깁니다.

④ (그림 4)에서 왼쪽에 여학생이 앉은 경우는 2가지입니다. 무우의 왼쪽에는 상상이, 상상이의 왼쪽에는 알알이가 앉아있습니다.
네 번째 조건에 따라 축구를 좋아하는 사람 왼쪽에 여학생이 앉아있어야 하고, 상상이는 이미 탁구를 좋아하므로 무우가 축구를 좋아하는 것을 알 수 있습니다.
따라서 나머지 알알이는 농구를 좋아합니다.

⑤ 따라서 아래 (그림 4)와 같이 원탁에 4명의 친구들이 앉아있을 때, 각 친구들이 좋아하는 운동은 (무우, 축구), (상상, 탁구), (알알, 농구), (제이, 야구)입니다. (정답)

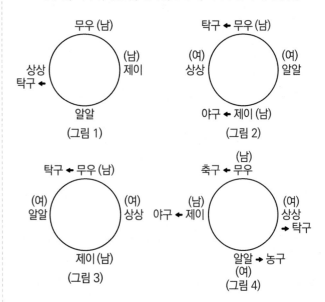

[정답] 풀이 과정 참조

	A	B	C	D	E	F
1층		O	X	X	X	X
2층	O					
3층				O		
4층						O
5층			O			
6층	X	X		X	O	X

(표)

[풀이 과정]

① 세 번째 조건에 따라 아래 (표)의 각 사람이 머무르지 않은 층수를 X 표시합니다. 네 번째 조건에 따라 B는 C보다 낮은 층이므로 C는 1층이 아니고 B는 6층이 아닙니다.
또한, F는 A보다 위층이므로 A는 6층이 아니고 F는 1층이 아닙니다.
첫 번째 조건에 따라 C는 F보다 한 층 위이므로 F는 6층이 아닙니다.

② A가 1층일 경우, (C, F)가 (3, 2), (4, 3), (5, 4), (6, 5) 중 하나입니다. 이때, B와 E와 D는 서로 위아래 층에 머물러야 하므로, 조건 ②에 모순이 됩니다.
따라서 A는 1층이 아닙니다.

③ B가 1층일 경우, (C, F)가 (3, 2), (4, 3), (5, 4), (6, 5) 중 하나입니다.
　ⅰ. (C, F) = (3, 2)일 경우, 다섯 번째 조건에서 F는 A보다 윗 층에 머무르는 조건에 모순이 생깁니다.
　ⅱ. (C, F) = (4, 3) 또는 (6, 5)일 경우, 두 번째 조건에서 E와 D가 서로 위아래 층에 머무르게 됩니다.
　ⅲ. (C, F) = (5, 4)일 경우, 6층에는 E가 머무르고 D는 B와 E 사이에 3층에 머무르게 됩니다.
　마지막 A는 2층에 머무르면 모든 조건에 만족합니다.

④ 따라서 각 층에 머무르는 사람은 각각 (A, 2층), (B, 1층), (C, 5층), (D, 3층), (E, 6층), (F, 4층)입니다. (정답)

4. 창의적으로 생각하기

대표문제1　확인하기 1　··········· P. 67

[정답] 8개

[풀이 과정]

① 6개의 음료수 공병으로 1개의 새 음료수를 받을 수 있으므로 42개의 음료수 공병을 이용해 받을 수 있는 새 음료수의 개수는 42 ÷ 6 = 7개입니다.

② 하지만 여기서 유의할 점은, 새로 받은 7개의 음료수 중 6개를 그 자리에서 마시면 6개의 공병이 또 생기므로 1개의 음료수를 더 받을 수 있다는 것입니다.
따라서 42개의 음료수 공병을 이용해 최대로 받을 수 있는 새 음료수의 개수는 7 + 1 = 8개입니다. (정답)

대표문제1　확인하기 2　··········· P. 67

[정답] 29개

[풀이 과정]

① 60개의 음료수 공병을 가져다 주고 최대로 받을 수 있는 새 음료수의 개수는
(60 ÷ 6) × 2 = 20개입니다. → 음료수 20개
방금 받은 20개의 새 음료수를 모두 다 마시면 20개의 음료수 공병이 또 생기게 됩니다.

② 20개의 음료수 공병 중 18개를 가져다 주고 최대로 받을 수 있는 새 음료수의 개수는
(18 ÷ 6) × 2 = 6개입니다. → 음료수 6개
방금 받은 6개의 새 음료수를 모두 다 마시면 6개의 음료수 공병이 또 생기므로 남은 2개의 공병과 합치면 8개의 음료수 공병이 있게 됩니다.

③ 8개의 음료수 공병 중 6개를 가져다 주면 2개의 새 음료수를 받을 수 있습니다. → 음료수 2개
방금 받은 2개의 새 음료수를 모두 다 마시면 2개의 음료수 공병이 또 생기므로 남은 2개의 공병과 합치면 4개의 음료수 공병이 있게 됩니다.

④ 마지막으로 4개의 음료수 공병을 가져다 주면 1개의 새 음료수를 받을 수 있습니다. → 음료수 1개
따라서, 60개의 공병을 이용해 최대로 받을 수 있는 새 음료수의 개수는
20 + 6 + 2 + 1 = 29개입니다. (정답)

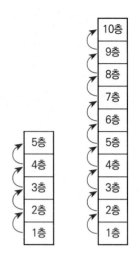

대표문제 확인하기 1 .... P. 69

[정답] 풀이 과정 참조

[풀이 과정]

① '가위 바위 보' 게임을 떠올리면 되는 문제입니다.

② 손으로 숫자 5를 나타내기 위해선 다섯 손가락을 모두 펴야하므로 보자기에 해당합니다.

손으로 숫자 0을 나타내기 위해선 한 손가락도 펴선 안되므로 바위에 해당합니다.

손으로 숫자 2를 나타내기 위해선 두 개의 손가락을 펴야하므로 가위에 해당합니다.

③ 보자기는 주먹을 이기고, 주먹은 가위를 이기고, 가위는 보자기를 이기므로 5는 0보다 강하고 0은 2보다 강하고, 2는 5보다 강하다는 말이 성립합니다. (정답)

대표문제 확인하기 2 .... P. 69

[정답] 3

[풀이 과정]

① '시계'를 떠올리면 되는 문제입니다.

② <보기>의 그림은 시침과 분침이 생략 된 시계와 같습니다. 첫 번째 그림의 경우 시계의 9시 지점, 두 번째 그림의 경우 12시 지점, 세 번째 그림의 경우 6시 지점에 점이 찍혀있는 것을 알 수 있습니다.

따라서 이 문제의 규칙은 점이 찍혀있는 지점의 시간이 밑에 숫자에 해당한다는 것을 알 수 있습니다.

③ 네 번째 그림의 경우 시계의 3시 지점에 점이 찍혀있는 것을 알 수 있습니다.

따라서 네 번째 그림 아래 물음표 안에 들어갈 알맞은 숫자는 '3'입니다. (정답)

대표문제 확인하기 3 .... P. 69

[정답] $\dfrac{9}{4}$

[풀이 과정]

① 1층에서 5층으로 올라가기 위해선 총 4번 층을 올라야 합니다.

② 1층에서 10층으로 올라가기 위해선 총 9번 층을 올라야 합니다.

③ 따라서 10층까지 올라가는 시간은 5층까지 올라가는 시간의 $9 \div 4 = \dfrac{9}{4}$배의 시간이 걸립니다. (정답)

④ '층수가 2배니까 올라가는데 걸리는 시간도 2배겠지? ' 층수는 2배가 맞지만 올라가는 횟수는 2배가 아니므로 단순하게 생각했다간 쉽게 틀릴 수 있는 문제입니다.

연습문제 01 .... P. 70

[정답] 풀이 과정 참조

[풀이 과정]

① 80,000원의 상금은 정확히 3등분할 수 없습니다.

② 80,000원 중 복권의 가격 2,000원을 제외한 78,000원이 3으로 나누어떨어지는지 확인합니다.

78,000원의 경우 3으로 나누어떨어지므로 78,000원을 3등분하여 세 명이 나누어 가집니다.

78,000 ÷ 3 = 26,000원

➡ 한 사람당 26,000원씩을 나누어 가집니다.

③ 아까 제외했던 복권의 가격 2,000원으로 다시 복권을 한 장 사서 원래 있던 자리에 놓습니다.

④ 한 사람당 26,000원씩을 나누어 가지고 남은 돈으로 다시 복권을 한 장 사서 원래 있던 자리에 놓는다면 셋 중 누구도 손해를 보지 않고 복권도 다시 되돌려 놓을 수 있습니다. (정답)

연습문제 02 .... P. 70

[정답] 소수점(.)

[풀이 과정]

① 4와 5 사이에 소수점(.)을 넣으면 '4.5'라는 수가 만들어집니다.

② 4.5는 4보다 크고 5보다 작으므로 문제의 조건을 만족합니다.

따라서 문제의 조건을 만족하는 수학 기호는 소수점입니다. (정답)

[정답] 18일

[풀이 과정]

① 달팽이는 하루에 낮 동안 3m를 오르고 밤 동안 2m를 미끄러진다고 했으므로 하루에 총 1m를 오른다고 할 수 있습니다.

② 20m 깊이의 우물을 올라야 하므로 하루에 1m씩 20일이 걸린다고 착각하기 쉽지만 그렇지 않습니다.
일단 ①의 방식대로 1m씩 17일을 올라 17m 지점에 도달했다고 가정합니다.
다음날인 18일째 달팽이는 낮 동안 3m를 올라 20m 지점인 우물의 끝에 도달하게 됩니다.

③ 따라서 달팽이가 20m 깊이의 우물을 끝까지 오르는 데는 18일이 걸립니다. (정답)

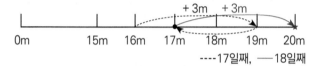

----17일째, —— 18일째

연습문제 04 ·········· P. 71

[정답] 9일째

[풀이 과정]

① 잔디는 하루에 2배만큼의 양이 자라난다고 했으므로 마당의 절반이 잔디로 차 있는 날은 마당이 전부 잔디로 꽉 차게 된 날의 하루 전날입니다.

② 따라서 무우네 집 마당 절반이 잔디로 차 있는 날은 무우네 마당이 전부 잔디로 꽉 찬 10일째의 하루 전날인 9일째입니다. (정답)

연습문제 05 ·········· P. 71

[정답] 풀이 과정 참조

[풀이 과정]

① 18 + 14 = 2
↓
8 + 4 = 12

위의 식에서 18과 14의 1을 하나는 – 위로 옮겨 +를 만들고, 2 앞으로 옮겨 12를 만들면 됩니다. (정답)

연습문제 06 ·········· P. 71

[정답] 1분 30초

[풀이 과정]

① 식빵의 한 면을 굽는 데 30초가 걸리므로 하나의 식빵을 완전히 굽는 데는 1분이 걸립니다.

② 프라이팬에는 두 개의 식빵만 올릴 수 있으므로 두 개를 온전히 양면을 굽고 나머지 하나의 식빵을 완전히 굽는다면 총 2분의 시간이 걸리게 됩니다.

③ 하지만 처음에 올린 두 개의 식빵을 한 면만 구운 뒤 하나는 빼고 나머지 하나를 뒤집음과 동시에 굽지 않은 식빵을 올리고, 30초 뒤 뒤늦게 올린 식빵을 뒤집고 완전히 구워진 식빵을 빼면서 한 면만 구워진 식빵의 나머지 한 면을 올리고 굽는다면 1분 30초 만에 구울 수 있습니다. (정답)

연습문제 07 ·········· P. 72

[정답] 풀이 과정 참조

[풀이 과정]

① 언뜻 보면 복잡한 계산이 필요해 보이는 문제 같지만 그렇지 않습니다. 무우가 걷는 것보다 2배 느린 고장 난 마차를 타고 전체 거리의 절반을 가는 동안 전체 거리를 걸어서 가는 것과 같은 시간이 걸립니다.

② 따라서 나머지 절반의 거리를 아무리 빠르게 간다고 하더라도 걸어서 가는 것보다 더 많은 시간을 소요하게 됩니다. 그러므로 걸어서만 가는 경우가 시간을 더 단축할 수 있습니다. (정답)

연습문제 08 ·········· P. 72

[정답] 풀이 과정 참조

[풀이 과정]

① 아주 두꺼운 선 하나를 그어 양옆에 삼각형 두 개가 생기도록 만들어 줍니다.

② '선'이 꼭 얇을 필요는 없다는 발상의 전환이 필요한 문제입니다. (정답)

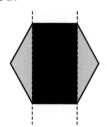

연습문제 09 .... P. 73

[정답] 5

[풀이 과정]

① '시간'의 개념을 생각하면 되는 문제입니다.

② 세 개의 식을 단순히 숫자의 사칙연산 식으로 생각한다면, 6 – 3은 3이 맞지만 7 + 8은 15이므로 문제의 해답이 될 수 없습니다.

③ 세 개의 식에 '시간'의 개념을 대입해 본다면, 6시에서 3시를 빼면 3시이므로 맞습니다. 7시에서 8시를 더하면 15시 즉, 3시이므로 맞습니다.

④ 따라서 이와 같은 '시간'의 개념을 대입한 방법으로 마지막 식까지 풀이해 주면, 8시에서 9시를 더하면 17시입니다. 하지만 15시를 3으로 표시한 두 번째 식의 표기법에 따라 물음표에 들어갈 알맞은 수는 5입니다. (정답)

연습문제 10 .... P. 73

[정답] 풀이 과정 참조

[풀이 과정]

① 집을 떠나기 전 벽시계를 충분히 감아두고, 떠날 때 시계가 몇 시인지를 기억하면 친구 집에 갔다가 돌아올 때까지 걸린 시간을 알 수 있습니다.

② 친구네 집은 항상 시간이 맞는 벽시계가 있다고 했으므로 도착했을 때와 떠날 때 시계를 확인하면 친구네 집에 몇 분을 머물렀는지 알 수 있습니다.

③ 집에 도착해 처음 출발했을 때부터 집에 도착했을 때까지 몇 분이 흘렀는지 확인합니다. 방금 구한 시간에서 친구네 집에 머무른 시간을 빼면 친구 집까지 왕복으로 다녀오는 데 걸린 시간을 구할 수 있습니다.

④ 친구 집까지 왕복으로 다녀오는 데 걸린 시간에 나누기 2를 해 친구집에서부터 집까지 오는데 걸린 시간을 구합니다. 친구네 집에서 떠날 때 확인한 시간에 친구 집에서부터 집까지 오는 데 걸린 시간을 더하면 정확한 현재 시각을 알 수 있습니다. (정답)

심화문제 01 .... P. 74

[정답] 6번

[풀이 과정]

① 다섯 개의 사슬을 하나로 잇는 방법은 여러 가지가 있을 수 있습니다.

가장 일반적으로 생각할 수 있는 방법인 한 개의 사슬을

제외한 나머지 네 개 사슬의 끝부분 고리를 끊고, 잇는 방식으로 사슬을 연결한다면 총 8번의 횟수가 필요합니다.

② 하지만 6번으로 횟수를 줄일 수 있는 방법이 있습니다. 다섯 개의 사슬 중 한 개를 택해 그 사슬에 있는 세 개의 고리를 모두 끊습니다. 그리고 끊긴 세 개의 고리로 나머지 네 개의 사슬을 모두 연결하면 총 6번의 횟수만으로 다섯 개의 짧은 사슬로 하나의 긴 사슬을 만들 수 있습니다.

③ 따라서 다섯 개의 짧은 사슬을 이어 하나의 긴 사슬을 만들 수 있는 최소한의 횟수는 6번입니다. (정답)

심화문제 02 .... P. 75

[정답] '사과와 복숭아' 라벨이 붙어 있는 상자

[풀이 과정]

① 모든 상자에는 잘못된 라벨이 붙어 있다는 사실을 이용해 풀이합니다.

만약, '사과' 혹은 '복숭아' 라벨이 붙어 있는 과일 상자에서 과일을 꺼낸다면, 사과와 복숭아가 동시에 들어있는 상자일 가능성을 배제할 수 없어 과일을 하나만 꺼내선 그 상자가 어떤 과일 상자인지 확신하기 어렵습니다.

② 하지만 모든 상자에는 잘못된 라벨이 붙어 있다고 했으므로 '사과와 복숭아' 라벨이 붙어 있는 과일 상자에는 사과 혹은 복숭아 한 종류의 과일만이 들어 있을 것입니다.

따라서 '사과와 복숭아' 라벨이 붙은 과일 상자에서 한 개의 과일을 꺼내면 그 과일 상자에 든 과일을 확실하게 알 수 있습니다.

③ 만약, '사과와 복숭아' 라벨이 붙은 상자에서 꺼낸 과일이 사과라면, 그 상자는 사과가 들어있는 상자입니다.

이에 따라 나머지 '사과', '복숭아' 라벨이 붙은 상자에는 복숭아가 있거나 사과와 복숭아가 동시에 들어있어야 합니다. 하지만 모든 상자에는 잘못된 라벨이 붙어 있다고 했으므로 '복숭아' 라벨이 붙어 있는 상자에는 복숭아가 들어있을 수 없습니다.

따라서 '복숭아' 라벨이 붙어 있는 상자에는 사과와 복숭아가, '사과'라벨이 붙은 상자에는 복숭아가 들어있다는 것을 알 수 있습니다.

④ '사과와 복숭아' 라벨이 붙은 상자에서 꺼낸 과일이 복숭아인 경우도 ③과 동일한 방법으로 풀이합니다.

⑤ 따라서 각각의 상자에 어떤 과일이 들어있는지 정확히 맞히기 위해선 '사과와 복숭아' 라벨이 붙어 있는 상자에서 과일을 꺼내야 합니다. (정답)

심화문제 **03** ········· P. 76

[정답] 풀이 과정 참조

[풀이 과정]

다음과 같이 두 개의 정사각형을 그리면 9개의 동그라미를 모두 다른 영역에 넣을 수 있습니다.

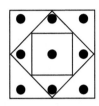

심화문제 **04** ········· P. 77

[정답] 풀이 과정 참조

[풀이 과정]

① 첫 번째로 700mL 비커에 물을 가득 담습니다.

② 700mL 비커에 담긴 물을 400mL 비커에다가 옮겨서 가득 담습니다. 그러면 700mL 비커에는 300mL의 물이 남게 됩니다.

③ 400mL 비커에 담긴 물 400mL를 따라 버리고, 700mL 비커에 담긴 물 300mL를 400mL 비커에 옮겨 담습니다.

④ 그다음 700mL 비커에 물을 가득 담고, 그 물을 이용해 300mL의 물이 담겨 있는 400mL 비커의 나머지를 채워줍니다. 그러면 700mL 비커에 들어있던 700mL의 물 중 100mL가 쓰이고, 700mL 비커에는 정확히 600mL의 물이 남게 됩니다.
이 600mL의 물을 빨간색 컵에 옮겨 담으면 정확히 600mL의 물을 한 번에 빨간색 컵에 옮겨 담을 수 있습니다. (정답)

창의적문제해결수학 **01** ········· P. 78

[정답] 풀이 과정 참조

[풀이 과정]

① 무우는 봄에 외출하지 않는다고 했으므로 봄에는 무우를 제외한 상상, 제이, 알알이의 경우 외출이 가능합니다.
봄에는 상상, 제이, 알알이가 무우네 집에 놀러 간다면 만날 수 있습니다.

② 상상이는 여름에 외출하지 않는다고 했으므로 여름에는 상상이를 제외한 무우, 제이, 알알이의 경우 외출이 가능합니다. 여름에는 무우, 제이, 알알이가 상상이네 집에 놀러 간다면 만날 수 있습니다.

③ 이와 같은 방식으로 가을과 겨울에는 제이와 알알이를 제외한 친구들이 제이와 알알이네 집에 놀러 간다면 만날 수 있습니다.

④ 따라서 네 명의 친구들이 매일 만날 수 있는 방법은, 계절마다 각 계절을 타는 친구의 집에 나머지 친구들이 놀러 가면 됩니다. (정답)

창의적문제해결수학 **02** ········· P. 79

[정답] 풀이 과정 참조

[풀이 과정]

① 무우의 말을 토대로 가능한 모든 상황을 예측해보도록 합니다.
무우가 이마에 붙은 모든 종이가 검은색은 아니라고 했으므로 두 명 혹은 한 명의 이마에 붙은 종이가 검은색이거나 모두의 이마에 흰색 종이가 붙어있는 세 가지 경우가 가능합니다.

② 두 명의 이마에 붙은 종이가 검은색인 경우
이마에 흰 종이가 붙은 친구는 두 장의 검은색 종이를 보게 되므로 세 명의 이마에 붙은 모든 종이가 검은색일 수 없기 때문에 본인이 흰 종이라는 것을 바로 알 수 있습니다.
따라서 이 경우는 문제의 상황이 될 수 없습니다.

③ 한 명의 이마에 붙은 종이가 검은색인 경우
상상이의 이마에 검은색 종이가, 제이와 알알이 이마엔 흰색 종이가 붙어있다고 가정합니다.
ⅰ. 상상이 – 제이와 알알이 이마에 붙은 흰색 종이를 보고 자신의 종이 색깔을 예측할 수 없습니다.
ⅱ. 제이와 알알이 – 제이와 알알이는 흰색 종이와 검은색 종이를 한 장씩 보게 됩니다.
만약 자신의 이마에 붙은 종이가 검은색 종이라고 가정한다면, 흰색 종이를 붙이고 있는 친구가 분명 두 장의 검은 종이를 보고 있으므로 정답을 바로 말했어야 합니다.
하지만 그렇지 않았으므로 본인의 이마에 붙은 종이는 흰색이라는 것을 알아채게 될 것입니다.
따라서 이 경우 제이와 알알이 두 명만 정답을 말할 수 있으므로 문제의 상황이 될 수 없습니다.
상상이 대신 제이와 알알이의 이마에 검은색 종이가 붙은 경우도 같은 방법으로 풀이합니다.

④ 모두의 이마에 흰색 종이가 붙어있는 경우
세 명 모두의 이마에 흰색 종이가 붙어있는 경우, 어떤 한 친구도 나머지 두 친구 이마에 붙은 종이를 보고 자신의 종이 색을 확신할 수 없습니다.
이 경우 가능한 상황은 모두가 흰색이거나, 내 이마에 붙은 종이가 검은색이거나 두 경우입니다.
만약, 내 이마에 붙은 종이가 검은색이라면 ③ – ⅱ에서 말한 것처럼 반드시 정답을 말하게 되는 친구가 생깁니다.
하지만 아무도 정답을 이야기하지 않고 있다는 것은 모두의 이마에 흰색 종이가 붙어있다는 것을 뜻합니다.
따라서 세 명의 친구들이 이 사실을 동시에 깨닫고 흰색이라고 외치게 된 것입니다. (정답)

5. 효율적으로 생각하기

대표문제 1 확인하기 ·········· P. 85

[정답] 풀이 과정 참조

[풀이 과정]

① 30인승 버스 탑승 시 1인당 요금은
240,000 ÷ 30 = 8,000원입니다.
20인승 버스 탑승 시 1인당 요금은
180,000 ÷ 20 = 9,000원입니다.
30인승 버스가 20인승 버스보다 1인당 요금이 저렴한 것을 알 수 있습니다.
따라서 가능한 학생들이 30인승 버스에 최대한 탑승하고, 나머지 학생들이 20인승 버스에 탑승하는 방법을 찾습니다.

② 340 ÷ 30 = 11 … 10 → 340을 30으로 나눈 몫은 11 나머지는 10입니다.
340명 중 330명의 학생이 30인승 버스 11대에 탑승하고, 남은 10명의 학생이 20인승 버스 1대에 탑승하면 됩니다.
이때, 총비용은
(24×11) + 18 = 264 + 18 = 282만원입니다.

③ 또 다른 방법은 남는 자리 없이 버스 정원이 딱 맞도록 탑승시키는 방법입니다.
30인승 버스 11대에 330명이 탑승하는 경우 10명이 남으므로, 30인승 버스 10대에 300명을 탑승시킵니다. 그러면 340 - 300 = 40명의 학생이 남게 됩니다.
이 남은 40명의 학생을 20인승 버스 2대에 탑승시키면 모든 버스에 정원이 딱 맞도록 탑승시킬 수 있습니다.
이때, 총비용은
(24×10) + (18×2) = 240 + 36 = 276만원입니다.

④ 따라서 가장 적은 비용으로 버스에 탑승하는 방법은 30인승 버스 10대와 20인승 버스 2대에 탑승하는 방법이며, 이때, 총비용은 276만원이 필요합니다. (정답)

대표문제 2 확인하기 ·········· P. 87

[정답] 105분

[풀이 과정]

① A에서 출발해 B, C, D, E 네 장소를 모두 한 번씩 들렀다가 다시 A로 돌아오는 방법은 다음과 같이 세 가지가 있습니다.
　i. A - B - E - D - C - A
　ii. A - C - D - E - B - A
　iii. A - D - E - B - C - A

② 세 가지 방법에 대해 각각 걸리는 시간을 구하면 다음과 같습니다.

　i. 50 + 32 + 18 + 24 + 15 = 139분
　ii. 15 + 24 + 18 + 32 + 50 = 139분
　iii. 30 + 18 + 32 + 10 + 15 = 105분
이 중 가장 적은 시간이 걸리는 방법은 105분이 소요되는 세 번째 방법입니다.

③ 따라서 A에서 출발하여 B, C, D, E를 모두 한 번씩 들렀다가 다시 A로 돌아오는데 소요되는 최소 시간은 105분입니다. (정답)

연습문제 01 ·········· P. 88

[정답] 65,200원

[풀이 과정]

① 8장을 한 번에 구매할 경우 한 장에 1,000원으로 가장 저렴하므로 최대한 많은 친구들이 8장을 한 번에 구매할 수 있는 방법을 찾습니다.

② 65 ÷ 8 = 8 … 1 → 65를 8로 나누면 몫은 8 나머지는 1입니다.
65명 중 64명은 8장의 표를 한 번에 8번 구매하고, 남은 한 명은 원래 가격대로 구매하면 됩니다.
이때, 필요한 총비용은 (8,000×8) + 1,200 = 65,200원입니다.

③ 따라서 65명이 가장 적은 비용으로 박물관에 입장하려면 필요한 금액은 65,200원입니다. (정답)

연습문제 02 ·········· P. 88

[정답] 풀이 과정 참조

[풀이 과정]

① A 회원권의 경우 1일 운동이용권의 가격은
9,000 ÷ 6 = 1,500원, 운동복의 1일 대여비는 1,000원이므로 하루에 드는 총비용은 2,500원입니다.
B 회원권의 경우 1일 운동이용권의 가격은
12,000 ÷ 8 = 1,500원, 운동복의 1일 대여비는 800원이므로 하루에 드는 총비용은 2,300원입니다.
C 회원권의 경우 1일 운동이용권의 가격은
20,000 ÷ 15 ≒ 1,300원, 운동복의 1일 대여비는 500원이므로 하루에 드는 총비용은 약 1,800원입니다.
세 가지 중 하루에 드는 총비용이 가장 적은 C 회원권을 최대한 많이 구매해야 하는 것을 알 수 있습니다.

② 50 ÷ 15 = 3 … 5 → 50을 15로 나누면 몫은 3, 나머지는 5입니다.
50일 중 45일은 C 회원권을 3장 구매하고, 남은 5일은 A 이용권을 한 장 구매하면 됩니다.
이때, 필요한 총비용은
(20,000×3) + 9,000 = 69,000원이고, 별도로 지급해야

하는 운동복 대여비는

$(500 \times 45) + (1,000 \times 5) = 22,500 + 5,000 = 27,500$ 원입니다.

따라서 총비용은 $69,000 + 27,500 = 96,500$원입니다.

③ 또 다른 방법은 운동이용권에 남는 날짜가 없이 회원권을 딱 맞게 구입하는 방법입니다.

C 회원권을 3장 구매하는 경우 5일이 남으므로, C 회원권을 2장만 구매합니다. 그러면 50 – 30 = 20일이 남게 됩니다.

이 남은 20일 중 12일은 A 회원권 두 장, 8일은 B 회원권 한 장을 구매하면 남는 날짜 없이 딱 맞게 회원권을 구매할 수 있습니다.

이때, 필요한 총비용은

$(20,000 \times 2) + 12,000 + (9,000 \times 2)$

$= 40,000 + 12,000 + 18,000 = 70,000$원이고, 별도로 지불해야 하는 운동복 대여비는

$(500 \times 30) + (800 \times 8) + (1,000 \times 12)$

$= 15,000 + 6,400 + 12,000 = 33,400$원입니다.

따라서 총비용은 $70,000 + 33,400 = 103,400$원입니다.

④ 따라서 가장 적은 비용으로 50일 동안 운동할 수 있는 운동권을 구매하는 방법은 C 회원권 3장과 A 회원권 1장을 구매하는 방법이며,

이때 총비용은 96,500원이 필요합니다. (정답)

연습문제   **03**   ⋯⋯⋯⋯⋯⋯⋯⋯ P. 89

[정답] 53분

[풀이 과정]

① 가장 오랜 시간이 걸리는 마트와 문방구 사이의 길(20분)을 최대한 이용하지 않도록 합니다.

② 집에서 출발하여 첫 번째로 갈 수 잇는 곳은 마트, 빵집, 문방구 세 곳입니다.

이 중 가장 짧은 시간이 걸리는 집과 마트 사이의 길(3분)을 최대한 이용하도록 합니다.

③ 모든 가게를 한 번씩 들리면서 가장 최단 시간이 될 수 있는 방법은

집 – 마트 – 빵집 – 쌀집 – 과일가게 – 문방구 – 집입니다.

이 때, 걸리는 시간은

$3 + 7 + 5 + 8 + 12 + 18 = 53$분입니다.

④ 따라서 가장 빠른 시간 안에 심부름을 모두 끝마치고 집으로 돌아오는 데 걸리는 시간은 53분입니다. (정답)

연습문제   **04**   ⋯⋯⋯⋯⋯⋯⋯⋯ P. 89

[정답] C 여행지, 85만원

[풀이 과정]

① A 여행지를 선택했을 때 필요한 총비용을 구합니다.

숙박비 : $15 \times 2 = 30$만원

교통비 : $2 \times 4 = 8$만원

식비 : $6 \times 9 = 54$만원

∴ 총비용 = $30 + 8 + 54 = 92$만원

② B 여행지를 선택했을 때 필요한 총비용을 구합니다.

숙박비 : $10 \times 3 = 30$만원

교통비 : $3 \times 4 = 12$만원

식비 : $4 \times 12 = 48$만원

∴ 총비용 = $30 + 12 + 48 = 90$만원

③ C 여행지를 선택했을 때 필요한 총비용을 구합니다.

숙박비 : $12 \times 2 = 24$만원

교통비 : $4 \times 4 = 16$만원

식비 : $5 \times 9 = 45$만원

∴ 총비용 = $24 + 16 + 45 = 85$만원

④ A, B, C 여행지 중 가장 적은 비용으로 갈 수 있는 여행지는 85만원의 비용이 필요한 C 여행지입니다. (정답)

연습문제   **05**   ⋯⋯⋯⋯⋯⋯⋯⋯ P. 90

[정답] 풀이 과정 참조

[풀이 과정]

① 30명이 입장할 수 있는 단체 표의 1인당 표의 가격은

$350,000 \div 30 ≒ 11,700$원입니다.

20명이 입장할 수 있는 단체 표의 1인당 표의 가격은

$250,000 \div 20 = 12,500$원입니다.

30명 단체 표가 20명 단체 표보다 1인당 가격이 저렴한 것을 알 수 있습니다.

따라서 가능한 학생들이 30명 단체 표를 최대한 많이 구매하고, 나머지 학생들이 20명 단체 표를 구입하는 방법을 찾습니다.

② $108 \div 30 = 3 \cdots 18 \rightarrow$ 108을 30으로 나눈 몫은 3, 나머지는 18입니다.

108명 중 90명의 학생이 30명 단체 표를 3개 구매하고, 남은 18명의 학생이 20명 단체 표를 1개 구매하면 됩니다.

이 때, 총가격은 $(35$만원 $\times 3) + 25$만원

$= 105$만원 $+ 25$만원 $= 130$만원입니다.

③ 또 다른 방법은 남는 표 없이 인원수에 딱 맞게 표를 사는 방법입니다.

30명 단체 표 3개를 구매하고 남은 18명은 정가를 주고 표를 구입하는 방법과 30명 단체 표 2개, 20명 단체 표 20개를 구매하고 남은 8명은 정가를 주고 표를 구입하는 방법은 두 가지가 있습니다.

첫 번째 방법의 총가격은
(35만원×3) + (1.5만원×18) = 105 + 27 = 132만원이고,
두 번째 방법의 총가격은
(35만원×2) + (25만원×2) + (1.5만원×8)
= 70 + 50 + 12 = 132만원입니다.
두 방법의 가격은 132만원으로 같습니다.

④ 따라서 가장 합리적으로 모든 학생의 표를 구매하는 방법은 30명 단체 표 3개와 20명 단체표 1개를 구매하는 방법이며, 이때 총비용은 130만원입니다. (정답)

연습문제   06 ···················· P. 90

[정답] 세 번째 방법, 105분

[풀이 과정]

① 첫 번째 방법인 A 도로 30km, 고속도로 60km를 통해 갈 때 걸리는 시간을 구합니다.
A 도로
: 1분에 0.5km를 갈 수 있으므로 30km를 가는 데에는 60분이 걸립니다.
고속도로
: 1분에 1km를 갈 수 있으므로 60km를 가는 데에는 60분이 걸립니다.
따라서 첫 번째 방법으로 갈 때 걸리는 시간은
60 + 60 = 120분입니다.

② 두 번째 방법인 A 도로 50km, B 도로 30km를 통해 갈 때 걸리는 시간을 구합니다.
A 도로
: 1분에 0.5km를 갈 수 있으므로 50km를 가는 데에는 100분이 걸립니다.
B 도로
: 1분에 1.5km를 갈 수 있으므로 30km를 가는 데에는 20분이 걸립니다.
따라서 두 번째 방법으로 갈 때 걸리는 시간은
100 + 20 = 120분입니다.

③ 세 번째 방법인 A 도로 20km, C 도로 45km, 고속도로 50km를 통해 갈 때 걸리는 시간을 구합니다.
A 도로
: 1분에 0.5km를 갈 수 있으므로 20km를 가는 데에는 40분이 걸립니다.
C 도로
: 1분에 3km를 갈 수 있으므로 45km를 가는 데에는 15분이 걸립니다.
고속도로 : 1분에 1km를 갈 수 있으므로 50km를 가는데에는 50분이 걸립니다.
따라서 세 번째 방법으로 갈 때 걸리는 시간은
40 + 15 + 50 = 105분입니다.

④ 가장 빠른 방법은 세 번째 방법이며, 이때 걸리는 시간은 105분입니다.

연습문제   07 ···················· P. 91

[정답] 풀이 과정 참조

[풀이 과정]

① 할인을 받을 수 있는 첫 번째 방법으로는 10명이 입장할 수 있는 단체 표를 구매하고 나머지 2명의 친구는 정가로 입장하는 방법이 있습니다.
이때, 총금액은 40,000 + (5,000×2) = 50,000원입니다.

② 두 번째 방법은 멤버십에 가입된 2명의 친구의 동반 3인 할인 기회를 이용하는 방법입니다.
이 경우 멤버십에 가입된 두 명의 친구와 각 동반 3인까지 총 8명의 친구가 3,000원에 전시회를 관람할 수 있습니다.
따라서 8명의 친구들은 3,000원에, 나머지 4명의 친구는 정가로 입장하면 됩니다.
이때, 총금액은
(3,000×8) + (5,000×4) = 24,000 + 20,000
= 44,000원입니다.

③ 가장 적은 금액으로 12명의 친구들이 전시회를 관람할 수 있는 방법은 멤버십에 가입된 2명의 친구를 이용해 할인받는 방법이며, 이때 총금액은 44,000원입니다. (정답)

연습문제   08 ···················· P. 91

[정답] B 지역, 134만원

[풀이 과정]

① A 지역을 선택했을 때 필요한 총비용을 구합니다.
(※A 지역은 20명 단체의 경우 입장료를 50% 할인해줍니다)
숙박비 : 12 × 4 × 2일 = 96만원
교통비 : 3 × 20 = 60만원
입장료 : 0.4 × 20 = 8만원
∴ 총비용 = 96 + 60 + 8 = 164만원

② B 지역을 선택했을 때 필요한 총비용을 구합니다.
숙박비 : 10 × 4 × 2일 = 80만원
교통비 : 2 × 20 = 40만원
입장료 : 0.7 × 20 = 14만원
∴ 총비용 = 80 + 40 + 14 = 134만원

③ C 지역을 선택했을 때 필요한 총비용을 구합니다.
(※ C 지역은 20명 이상 단체의 경우 전체 숙박요금에서 1박당 10만원씩을 할인해 줍니다)
숙박비 : (15 × 4) × 2일 – 20 = 100만원
교통비 : 2.5 × 20 = 50만원
입장료 : 0.5 × 20 = 10만원
∴ 총비용 = 100 + 50 + 10 = 160만원

④ A, B, C 지역 중 가장 적은 비용으로 여행할 수 있는 지역은 134만원의 비용이 필요한 B 지역입니다. (정답)

[정답] 치즈 창고 2

[풀이 과정]

① 치즈 창고 1로 모든 치즈를 옮겼을 때의 운송량
창고 2(3km × 4) + 창고 3(5km × 5) + 창고 4(10km × 3) = 12 + 25 + 30 = 67

② 치즈 창고 2로 모든 치즈를 옮겼을 때의 운송량
창고 1(3km × 6) + 창고 3(2km × 5) + 창고 4(7km × 3) = 18 + 10 + 21 = 49

③ 치즈 창고 3으로 모든 치즈를 옮겼을 때의 운송량
창고 1(5km × 6) + 창고 2(2km × 4) + 창고 4(5km × 3) = 30 + 8 + 15 = 53

④ 치즈 창고 4로 모든 치즈를 옮겼을 때의 운송량
창고 1(10km × 6) + 창고 2(7km × 4) + 창고 3(5km × 5) = 60 + 28 + 25 = 113

⑤ 따라서 운송량을 가장 적게 하는 방법은 모든 치즈를 치즈 창고 2로 옮기는 방법입니다. (정답)

[정답] 풀이 과정 참조

[풀이 과정]

① 출발지 ➡ 경유지 1
자전거 : 1,000 × 1 = 1,000

버스 : 2,800 × $\frac{1}{2}$ = 1,400

이 경우 자전거를 타는 것이 더 효율적입니다.

② 경유지 1 ➡ 여행지

기차 1 : 7,500 × $3\frac{1}{3}$ = 7,500 × $\frac{10}{3}$ = 25,000

기차 2 : 14,000 × 2 = 28,000

이 경우 기차 1을 타는 것이 더 효율적입니다.

③ 출발지 ➡ 경유지 2

택시 : 18,000 × $\frac{1}{2}$ = 9,000

지하철 : 2,400 × $1\frac{1}{3}$ = 2,400 × $\frac{4}{3}$ = 3,200

이 경우 지하철을 타는 것이 더 효율적입니다.

④ 경유지 2 ➡ 여행지

버스 : 11,000 × 2 = 22,000

기차 : 13,500 × $1\frac{1}{2}$ = 13,500 × $\frac{3}{2}$ = 20,250

이 경우 기차를 타는 것이 더 효율적입니다.

⑤ 경유지 1을 거치는 경우 자전거와 기차 1을 이용하면 총효율은 1,000 + 25,000 = 26,000

경유지 2를 거치는 경우 지하철과 기차를 이용하면 총효율은 3,200 + 20,250 = 23,450 이므로
지하철과 기차를 이용해 경유지 2를 거쳐 가는 방법이 가장 효율적입니다. (정답)

[정답] 1,130만원

[풀이 과정]

① 운송비가 가장 저렴한 경우를 최대한 이용하는 경우와 운송비가 가장 비싼 경우를 최대한 이용하지 않는 경우 두 가지로 나누어 구합니다.

② 운송비가 가장 저렴한 경우는 A 공장의 기계를 C 공장으로 운송하는 경우입니다.
이 경우를 최대한 이용하기 위해 A 공장에 있는 기계 중 3대를 C 공장으로 운송하고, A 공장의 남은 기계 1대와 B 공장에 있는 기계 6대를 D 공장으로 운송합니다.
이때 필요한 총운송비는
A ➡ C (70 × 3), A ➡ D (80), B ➡ D (150 × 6)
= 210 + 80 + 900 = 1,190만원입니다.

③ 운송비가 가장 비싼 경우는 B 공장의 기계를 D 공장으로 운송하는 경우입니다.
이 경우를 최대한 이용하지 않기 위해 B 공장에 있는 기계 중 3대를 C 공장으로 운송하고, B 공장의 남은 기계 3대와 A 공장에 있는 기계 4대를 D 공장으로 운송합니다.
이때 필요한 총운송비는
B ➡ C (120 × 3), B ➡ D (150 × 3), A ➡ D (80 × 4)
= 360 + 450 + 320 = 1,130만원입니다.

④ 따라서 가장 적은 비용으로 기계를 옮길 수 있는 방법은 ③처럼 운송비가 비싼 경우를 최대한 이용하지 않는 방법이며 이때 필요한 총운송비는 1,130만원입니다.
(정답)

[정답] 조각상, 풍경화, 원주민미술품 총 47분

[풀이 과정]

① 3개의 전시관을 선택할 수 있는 방법은 많지만, 입구와 거리가 가장 멀고 관람 시간도 긴 '드가'는 선택하지 않습니다. 또한 입구와의 거리도 비교적 가깝고 관람 시간도 짧은 '조각상'은 선택합니다.

② '조각상'은 선택하면서 '드가'는 선택하지 않고 3곳의 전시관을 고르는 방법의 가짓수는
세잔, 근대미술, 풍경화, 원주민미술품 이 4곳의 전시관 중 2곳의 전시관을 고르는 가짓수와 같습니다.

(세잔, 근대미술) (세잔, 풍경화) (세잔, 원주민미술품) (근대미술, 풍경화) (근대미술, 원주민미술품) (풍경화, 원주민미술품) 이처럼 6가지 방법이 있습니다.

하지만 (조각상, 근대미술, 원주민미술품) (세잔, 조각상, 근대미술) (세잔, 조각상, 원주민미술품)

이 세 경우는 반드시 다른 전시관을 지나서 가야만 하므로 최소 시간이 될 수 없어 제외합니다.

따라서 (조각상, 근대미술, 풍경화) (조각상, 풍경화, 원주민미술품) (조각상, 세잔, 풍경화)

세 경우에 대해 걸리는 시간을 구합니다.

③ 조각상, 근대미술, 풍경화 세 전시관을 선택한 경우 최소 시간은

입구 ➡ 풍경화 ➡ 조각상 ➡ 근대미술 ➡ 풍경화 ➡ 입구
= 2 + (15) + 3 + (8) + 3 + (17) + 2 + 2 = 52분
이 걸립니다.

④ 조각상, 풍경화, 원주민미술품 세 전시관을 선택한 경우 최소 시간은

입구 ➡ 풍경화 ➡ 원주민미술품 ➡ 풍경화 ➡ 조각상 ➡ 풍경화 ➡ 입구
= 2 + (15) + 1 + (12) + 1 + 3 + (8) + 3 + 2
= 47분이 걸립니다.

⑤ 조각상, 세잔, 풍경화 세 전시관을 선택한 경우 최소 시간은

입구 ➡ 풍경화 ➡ 세잔 ➡ 조각상 ➡ 풍경화 ➡ 입구
= 2 + (15) + 4 + (10) + 6 + (8) + 3 + 2 = 50분
이 걸립니다.

⑥ 따라서 가장 적은 시간으로 전시관 3곳을 관람할 수 있는 방법은 조각상, 풍경화, 원주민미술품을 선택한 경우이며 이때 걸리는 시간은 총 47분입니다. (정답)

6. 나머지 문제

대표문제 1 확인하기 1 ⋯⋯⋯⋯⋯⋯⋯⋯⋯ P. 101

[정답] 24명, 76권

[풀이 과정]

① 문제의 상황은 하나의 숫자를 서로 다른 두 개의 값으로 나눌 때 한 번은 나머지가, 한 번은 모자람이 생기는 경우입니다.

② 공책의 개수를 구하기에 앞서 반 아이들의 인원수부터 구합니다.

인원수 = (나머지와 모자람의 합) ÷ (공책을 한 사람당 '몇 개'씩 나눠 주려고 했는지에서 '몇 개'의 차)
= (28 + 20) ÷ (4 - 2) = 48 ÷ 2 = 24명
따라서 반 아이들은 모두 24명입니다.

③ 선생님이 가진 공책의 개수는 아래 두 식 중 하나를 이용해 구하면 됩니다.

(2 × 24) + 28 = 76권 또는 (4 × 24) - 20 = 76권
따라서 선생님이 가진 공책의 개수는 76권입니다. (정답)

대표문제 1 확인하기 2 ⋯⋯⋯⋯⋯⋯⋯⋯⋯ P. 101

[정답] 15명, 58개

[풀이 과정]

① 문제의 상황은 하나의 숫자를 서로 다른 두 개의 값으로 나눌 때 두 경우 모두 모자람이 생기는 경우입니다.

② 연필의 개수를 구하기에 앞서 반 친구들의 인원수부터 구합니다.

인원수 = (모자람의 차) ÷ (연필을 한 사람당 '몇 개'씩 나눠 주려고 했는지에서 '몇 개'의 차)
= (17 - 2) ÷ (5 - 4) = 15 ÷ 1 = 15명
따라서 반 친구들은 모두 15명입니다.

③ 상상이가 가진 연필의 개수는 아래 두 식 중 하나를 이용해 구하면 됩니다.

(5 × 15) - 17 = 58개 또는 (4 × 15) - 2 = 58개
따라서 상상이가 가진 연필의 개수는 58개입니다. (정답)

대표문제2 **확인하기 1** ················· P. 103

[정답] 25개

[풀이 과정]

① 6개씩 꺼내어도 남는 것이 없고, 8개씩 꺼내어도 남는 것 없이 딱 나누어떨어지는 수를 먼저 찾습니다.
문제에서는 최솟값을 물었으므로 6과 8의 최소공배수를 구합니다.
6의 배수 : 6, 12, 18, ㉔ 30, 36, …
8의 배수 : 8, 16, ㉔ 32, 40, 48, …
6과 8의 최소공배수는 24입니다

② 6개씩 꺼내어도 1개가 남고, 8개씩 꺼내어도 1개가 남는 구슬의 개수는 6과 8로 나누어떨어지는 수를 먼저 구한 후 1을 더하는 방식으로 구합니다.
따라서 답은 24 + 1 = 25개입니다. (정답)

대표문제2 **확인하기 2** ················· P. 103

[정답] 37, 72

[풀이 과정]

① 5로 나누어도 딱 나누어 떨어지고, 7로 나누어도 딱 나누어 떨어지는 수를 먼저 찾습니다.
5의 배수 : 5, 10, 15, 20, 25, 30, ㉟ 40, 45, 50, 55, 60, 65, ㉞ …
7의 배수 : 7, 14, 21, 28, ㉟ 42, 49, 56, 63, ㉞ 77, 84, 91, 98, …
5와 7의 최소공배수는 35입니다.

② 5와 7의 최소공배수는 35이며, 그 다음으로 작은 공배수는 70입니다.
두 수의 공배수는 최소공배수인 35부터 35씩 커지며 증가하는 것을 알 수 있습니다.
따라서 5와 7의 공배수 중 두 자리 자연수는 35와 70, 두 개입니다.

③ 5로 나누어도 2가 남고 7로 나누어도 2가 남는 수는 5와 7의 공배수에 2를 더하는 방식으로 구합니다.
따라서 5와 7로 나눴을 때 2가 남는 두 자리 자연수는 35 + 2 = 37과 70 + 2 = 72, 두 개입니다. (정답)

연습문제 **01** ················· P. 104

[정답] 42개

[풀이 과정]

① 문제의 상황은 하나의 숫자를 서로 다른 두 개의 값으로 나눌 때 한 경우는 나머지가, 한 경우는 모자람이 생기는 경우입니다.

② 남은 빵의 개수를 구하기에 앞서 재 포장지의 개수부터 구합니다.
개수 = (나머지와 모자람의 합) ÷ (빵을 '몇 개'씩 재포장하려 했는지에서 '몇 개'의 차) = (8 + 2) ÷ (5 − 4) = 10 ÷ 1 = 10개
따라서 재 포장지의 개수는 10개입니다.

③ 남은 빵의 개수는 아래 두 식 중 하나를 이용해 구하면 됩니다.
(4 × 10) + 2 = 42개 또는 (5 × 10) − 8 = 42개
따라서 남은 빵의 개수는 42개입니다. (정답)

연습문제 **02** ················· P. 104

[정답] 14명, 68,000원

[풀이 과정]

① 문제의 상황은 하나의 숫자를 서로 다른 두 개의 값으로 나눌 때 한 경우는 나머지가, 한 경우는 모자람이 생기는 경우입니다.

② 선물의 가격을 구하기에 앞서 반 친구들의 인원수부터 구합니다.
인원수 = (나머지와 모자람의 합) ÷ (돈을 '얼마'씩 모으려고 했는지에서 '얼마'의 차) = (2,000 + 12,000) ÷ (5,000 − 4,000) = 14,000 ÷ 1,000 = 14명
따라서 반 친구들은 모두 14명입니다.

③ 선물의 가격은 아래 두 식 중 하나를 이용해 구하면 됩니다.
(5,000 × 14) − 2,000 = 68,000원 또는 (4,000 × 14) + 12,000 = 68,000원
따라서 선물의 가격은 68,000원입니다. (정답)

[정답] 35개

[풀이 과정]

① 문제의 상황을 우리가 알고 있는 남거나 모자람의 문제로 바꾼 뒤 풀이합니다.

한 개의 상자를 더 쓰면 한 상자당 5개의 쿠키를 담을 수 있습니다.

➡ 현재 가진 상자에 쿠키를 5개씩 담으면 5개의 쿠키가 남습니다.

한 개의 상자를 덜 쓰면 한 상자당 7개의 쿠키를 담을 수 있습니다.

➡ 현재 가진 상자에 쿠키를 7개씩 담으려면 7개가 모자랍니다.

현재 가진 상자에 5개씩을 담으면 5개가 남고, 7개씩을 담으려면 7개가 모자라는 문제와 같습니다.

② 쿠키의 개수를 구하기에 앞서 현재 가진 상자의 개수부터 구합니다.

개수 = (나머지와 모자람의 합) ÷ (쿠키를 '몇 개'씩 담으려고 했는지에서 '몇 개'의 차) = (5 + 7) ÷ (7 - 5) = 12 ÷ 2 = 6개

따라서 현재 가진 상자의 개수는 6개입니다.

③ 상상이가 가진 쿠키의 개수는 아래 두 식 중 하나를 이용해 구하면 됩니다.

(5 × 6) + 5 = 35개 또는 (7 × 6) - 7 = 35개

따라서 상상이가 가진 쿠키의 개수는 35개입니다. (정답)

[정답] 24명, 14개

[풀이 과정]

① 문제의 상황은 하나의 숫자를 서로 다른 두 개의 값으로 나눌 때 한 경우는 나머지가, 한 경우는 모자람이 생기는 경우입니다.

② 간식 상자의 개수를 구하기에 앞서 아이들의 인원수부터 구합니다.

인원수 = (나머지와 모자람의 합) ÷ (간식을 '몇 개'씩 나눠주려 했는지에서 '몇 개'의 차) = (4 + 44) ÷ (6 - 4) = 48 ÷ 2 = 24명

따라서 아이들은 모두 24명입니다.

③ 간식 상자의 개수는 간식의 총개수를 구한 후 10으로 나눠주면 됩니다.

간식의 총개수는 아래 두 식 중 하나를 이용해 구합니다.

(6 × 24) - 4 = 140개 또는 (4 × 24) + 44 = 140개

따라서 간식 상자의 개수는 140 ÷ 10 = 14개입니다. (정답)

[정답] 42개

[풀이 과정]

① 5개씩 포장해도 남는 초콜릿이 없고, 8개씩 포장해도 남는 초콜릿이 없이 딱 나누어떨어지는 수를 먼저 찾습니다. 문제에서는 최솟값을 물었으므로 5와 8의 최소공배수를 구합니다.

5의 배수 : 5, 10, 15, 20, 25, 30, 35, ㊵ …

8의 배수 : 8, 16, 24, 32, ㊵ 48, 56, 64, …

5와 8의 최소공배수는 40입니다.

② 5개씩 포장해도 2개가 남고, 8개씩 포장해도 2개가 남는 초콜릿의 개수는 5와 8로 나누어떨어지는 수를 먼저 구한 후 2를 더하는 방식으로 구합니다.

따라서 답은 40 + 2 = 42개입니다. (정답)

[정답] 675

[풀이 과정]

① 어떤 수를 26으로 나눴을 때 나머지로 가능한 자연수는 1부터 25까지 25개입니다.

② 문제에서 말한 몫과 나머지가 같은 경우는 다음과 같은 경우를 말합니다.

➡ 26으로 나눴을 때 몫과 나머지가 모두 1인 경우

(26 × 1) + 1 = 27

➡ 26으로 나눴을 때 몫과 나머지가 모두 2인 경우

(26 × 2) + 2 = 54

이와 같은 방식으로 몫과 나머지가 1인 경우부터 25인 경우까지 총 25개의 수를 만들 수 있습니다.

③ 하지만 문제에서는 가장 큰 수를 물어봤으므로 26으로 나눴을 때 몫과 나머지가 25인 경우를 구합니다.

➡ 26으로 나눴을 때 몫과 나머지가 모두 25인 경우

(26 × 25) + 25 = 675

따라서 26으로 나눴을 때 몫과 나머지가 같아지는 가장 큰 수는 675입니다. (정답)

연습문제 **07** ···················· P. 106

[정답] 5,000원

[풀이 과정]

① 문제의 상황은 하나의 숫자를 서로 다른 두 개의 값으로 나눌 때, 한 경우는 나머지가, 한 경우는 모자람이 생기는 경우입니다.

② 고기 한 근의 가격을 구하기에 앞서 총 고기의 양은 몇 근인지부터 구합니다.

고기의 양 = (나머지와 모자람의 합) ÷ (한 근에 '얼마'씩 팔려고 했는지에서 '얼마'의 차) = (24,000 + 36,000) ÷ (8,000 − 3,000) = 60,000 ÷ 5,000 = 12근

따라서 총 고기의 양은 12근입니다.

③ 고기의 총가격은 아래 두 식 중 하나를 이용해 구하면 됩니다.

(3,000 × 12) + 24,000 = 60,000원 또는 (8,000 × 12) − 36,000 = 60,000원

손해를 보지 않고 판매했을 때 고기 12근의 가격은 60,000원이므로 고기 한 근의 가격은 60,000 ÷ 12 = 5,000원입니다. (정답)

연습문제 **08** ···················· P. 106

[정답] 14개

[풀이 과정]

① 어떤 수를 34로 나눴을 때 나머지로 가능한 자연수는 1부터 33까지 33개입니다.

② 두 번째 조건에서 말한 몫과 나머지가 같은 경우는 다음과 같은 경우를 말합니다.

➡ 34로 나눴을 때 몫과 나머지가 모두 1인 경우

(34 × 1) + 1 = 35

이와 같은 방식으로 몫과 나머지가 1인 경우부터 33인 경우까지 총 33개의 수를 만들 수 있습니다.

③ 첫 번째 조건에서 500보다 작은 세 자리 자연수라고 했으므로, 500과 가장 근접한 34의 배수를 먼저 찾습니다.

➡ 500 ÷ 34 = 14 ··· 24

500보다 작으면서 500과 가장 가까운 34의 배수는 476입니다.

이 경우 34로 나눴을 때 몫이 14이므로 몫과 나머지가 같아야 하는 두 번째 조건에 의해 14을 더하면

476 + 14 = 490입니다.

490은 500보다 작은 수이므로 문제의 두 조건을 모두 만족하게 됩니다.

④ 따라서 몫이 1인 경우부터 14인 경우까지가 문제의 두 조건을 모두 만족하므로 답은 14개입니다. (정답)

연습문제 **09** ···················· P. 107

[정답] 32명

[풀이 과정]

① 문제의 상황을 우리가 알고 있는 남거나 모자람의 문제로 바꾼 뒤 풀이합니다.

ⅰ. 조를 2개 늘린다면 한 조당 4명의 조원들이 있게 됩니다.

➡ 선생님이 짜주신 조에 4명씩 조원이 있으면 8명의 조원들이 남게 됩니다.

ⅱ. 조를 2개 줄인다면 한 조당 8명의 조원들이 있게 됩니다.

➡ 선생님이 짜주신 조에 8명씩 조원이 있으려면 16명의 조원들이 모자랍니다.

현재 선생님이 짜주신 조에 4명씩 조원이 있으면 8명의 조원이 남고, 8명씩 조원이 있으려면 16명의 조원이 모자라는 문제와 같습니다.

② 반 친구들이 모두 몇 명인지 구하기에 앞서 선생님이 짜주신 조는 모두 몇 개인지부터 구합니다.

개수 = (나머지와 모자람의 합) ÷ (조원을 '몇 명'씩 있게 하려했는지에서 '몇 명'의 차) = (8 + 16) ÷ (8 − 4) = 24 ÷ 4 = 6개

따라서 선생님이 짜주신 조는 모두 6개입니다.

③ 무우네 반 친구들의 인원수는 다음 두 식중 하나를 이용해 구하면 됩니다.

(4 × 6) + 8 = 32명 또는 (8 × 6) − 16 = 32명

따라서 무우네 반 친구들은 모두 32명입니다. (정답)

연습문제 **10** ···················· P. 107

[정답] 44개, 4개

[풀이 과정]

① 문제의 상황은 하나의 숫자를 서로 다른 두 개의 값으로 나눌 때 두 경우 모두 나머지가 생기는 경우입니다.

② 사탕의 총개수를 구하기에 앞서 한 사람당 받은 사탕의 개수부터 구합니다.

개수 = (나머지의 차) ÷ (사탕을 '몇 명'씩에게 나누어 주려고 했는지에서 '몇 명'의 차) = (12 − 4) ÷ (10 − 8) = 8 ÷ 2 = 4개

따라서 한 사람당 받은 사탕의 개수는 4개입니다.

③ 사탕의 총개수는 아래 두 식 중 하나를 이용해 구하면 됩니다.

(8 × 4) + 12 = 44개 또는 (10 × 4) + 4 = 44개

따라서 사탕의 총개수는 44개입니다. (정답)

심화문제 01 ···················· P. 108

[정답] 37 / 19

〈풀이 과정 1〉

① 어떤 자연수를 8로 나누면 5가 남고, 10으로 나누면 7이 남습니다.

→ 어떤 자연수를 8로 나누기에도 3이 모자라고, 10으로 나누기에도 3이 모자랍니다.

② 두 경우 모자라는 수가 3으로 동일하므로 8로 나누어도 나누어떨어지고 10으로 나누어도 나누어떨어지는 수를 먼저 찾습니다.

문제에서는 최솟값을 물었으므로 8과 10의 최소공배수를 구합니다.

8의 배수 : 8, 16, 24, 32, ㊵, 48, …
10의 배수 : 10, 20, 30, ㊵ 50, 60, …
8과 10의 최소공배수는 40입니다.

③ 8로 나누기에도 3이 모자라고, 10으로 나누기에도 3이 모자라는 수는 8과 10으로 나누어떨어지는 수를 먼저 구한 후 3을 빼는 방식으로 구합니다.

따라서 답은 40 – 3 = 37입니다. (정답)

〈풀이 과정 2〉

① 어떤 자연수로 40을 나누면 2가 남고, 60을 나누면 3이 남는다고 합니다.

→ 어떤 자연수로 38을 나누면 나누어떨어지고, 57을 나누면 나누어떨어집니다.

② 38과 57을 동시에 나누어떨어지게 하는 수를 찾습니다.
38의 경우 짝수이므로 2로 나누면 나누어떨어지며 몫이 19임을 알 수 있습니다.

→ 38 ÷ 2 = 19

19는 소수이므로 더 이상 나누어떨어지게 하는 다른 수가 없습니다.

따라서 57 또한 19로 나누어떨어지는지 확인합니다.

③ 57 또한 19로 나누면 나누어떨어지며 몫이 3임을 알 수 있습니다.

→ 57 ÷ 19 = 3

따라서 1이 아니면서 38과 57을 동시에 나누어떨어지게 하는 수는 19입니다.(정답)

심화문제 02 ···················· P. 108

[정답] 23,000원

[풀이 과정]

① 문제의 상황을 우리가 알고 있는 남거나 모자람의 문제로 바꾼 뒤 풀이합니다.

원래는 1,200원인 빵을 친구들 명수대로 구입하고 1,400원을 남길 예정이었는데 4,000원을 잃어버려 1개에 900원인 빵을 구입하고 2,800원을 남겼습니다.

→ 1,200원인 빵을 친구들 명수대로 구입하면 1,400원이 남지만, 대신 900원인 빵을 구입하면 4,000원을 잃어 버리고도 2,800원이 남으므로 총 6,800원이 남습니다.

② 무우가 처음에 가지고 있던 용돈은 얼마인지 구하기에 앞서 친구들의 인원수부터 구합니다.

인원수 = (나머지의 차) ÷ (빵 한 개 가격의 차)
= (6,800 – 1,400) ÷ (1,200 – 900) = 5,400 ÷ 300
= 18명

따라서 친구들은 모두 18명입니다.

③ 무우가 처음에 가지고 있던 용돈은 아래 두 식 중 하나를 이용해 구하면 됩니다.

(1,200 × 18) + 1400 = 23,000원 또는 (900 × 18) + 6,800 = 23,000원

따라서 무우가 처음에 가지고 있던 용돈은 23,000원입니다. (정답)

심화문제 03 ···················· P. 109

[정답] 오렌지 : 50개, 사과 : 90개

[풀이 과정]

① 문제의 상황을 우리가 알고 있는 남거나 모자람의 문제로 바꾼 뒤 풀이합니다.

ⅰ. 오렌지 1개와 사과 1개씩을 오렌지가 하나도 없을 때까지 꺼내면 사과 40개가 남습니다.

→ 오렌지 1개와 사과 1개가 짝을 이루기 위해선 사과 40개가 남습니다.

ⅱ. 오렌지 1개와 사과 3개씩을 사과가 하나도 없을 때까지 꺼내면 오렌지 20개가 남습니다.

→ 오렌지 1개와 사과 3개가 짝을 이루기 위해선 사과 60개가 모자랍니다.

② 이 문제는 사탕을 여러 명의 친구들에게 나눠주는 문제와 같이 풀이할 수 있습니다. 오렌지의 개수는 사탕을 나눠 받는 친구들의 인원수, 사과의 개수는 친구들 한 명에게 '몇 개'씩을 줄 것인지에서 '몇 개'에 해당합니다.

따라서 오렌지의 개수는 아래와 같은 식을 이용해 구할 수 있습니다.

오렌지의 개수 = (사과의 나머지와 모자람의 합)

÷ (사과를 '몇 개'씩 꺼내려 했는지에서 '몇 개'의 차)

= (40 + 60) ÷ (3 - 1) = 100 ÷ 2 = 50개

따라서 오렌지의 개수는 50개입니다.

③ 사과는 오렌지보다 40개가 많으므로 90개입니다.

따라서 오렌지의 개수는 50개, 사과의 개수는 90개입니다.
(정답)

심화문제 **04** ···················· P. 109

[정답] 32L , 18개

[풀이 과정]

① 문제의 상황을 우리가 알고 있는 남거나 모자람의 문제로 바꾼 뒤 풀이합니다.

한 병에 1.5L씩 담으면 주스 5L가 남고, 한 병에 2L씩 담으면 병 2개가 남습니다.

➡ 한 병에 1.5L씩 담으면 주스 5L가 남고, 한 병에 2L씩 모두 담으려면 주스 4L가 모자랍니다.

② 주스의 양을 구하기에 앞서 병의 개수부터 구합니다.

개수 = (나머지와 모자람의 합) ÷ (한 병에 '몇 L'씩 담으려고 했는지에서 '몇 L'의 차) = (5 + 4) ÷ (2 - 1.5)
= 9 ÷ 0.5 = 18개

따라서 병의 개수는 18개입니다.

③ 주스의 양은 아래 두 식 중 하나를 이용해 구하면 됩니다.

(1.5 × 18) + 5 = 32L 또는 (2 × 18) - 4 = 32L

따라서 오늘 만든 주스의 총 양은 32L입니다. (정답)

창의적문제해결수학 **01** ···················· P. 110

[정답] 1,200m, 8시 10분

[풀이 과정]

① 문제의 상황을 우리가 알고 있는 남거나 모자람의 문제로 바꾼 뒤 풀이합니다.

ⅰ. 1분에 50m를 가면 4분을 지각합니다.

➡ 1분에 50m씩 갈 경우 8시 30분에 학교에 도착하려면 50m × 4분 = 200m를 더 가야 합니다.

ⅱ. 1분에 80m를 가면 5분 일찍 도착합니다.

➡ 1분에 80m씩 갈 경우 8시 30분에 학교를 도착하고도 80m × 5분 = 400m를 더 갈 수 있습니다.

두 경우 8시 30분에 위치한 지점을 보았을 때 50m씩 가면 학교까지 200m가 모자르고, 80m씩 가면 학교로부터 400m가 남게 됩니다.

② 학교까지의 거리를 구하기에 앞서 제이가 집에서 학교까지 가는데 걸린 소요시간을 구합니다.

시간 = (나머지와 모자람의 합) ÷ (1분에 '몇 m'씩 가려고 했는지에서 '몇 m'의 차) = (200 + 400)

÷ (80 - 50) = 600 ÷ 30 = 20분

제이가 학교에 딱 맞춰 갔을 경우 20분이 소요되므로 제이는 8시 10분에 집에서 출발한 것을 알 수 있습니다.

③ 제이의 집에서부터 학교까지의 거리는 아래 두 식 중 하나를 이용해 구하면 됩니다.

(50 × 20) + 200 = 1,200m 또는 (80 × 20) - 400
= 1,200m

따라서 제이네 집에서부터 학교까지의 거리는 1,200m입니다. (정답)

창의적문제해결수학 **02** ···················· P. 111

[정답] 편지지: 30장, 편지봉투: 12장

[풀이 과정]

① 문제의 상황을 우리가 알고 있는 남거나 모자람의 문제로 바꾼 뒤 풀이합니다.

편지 봉투 하나에 편지지 2장을 사용하면 편지지 6장이 남고, 편지 봉투 하나에 편지지 3장을 사용하면 편지 봉투 2장이 남는다고 합니다.

➡ 편지 봉투 하나에 편지지 2장을 사용하면 편지지 6장이 남고, 편지 봉투 하나에 편지지 3장을 사용하려면 편지지 6장이 부족합니다.

② 편지지의 장수를 구하기에 앞서 편지 봉투의 장수부터 구합니다.

편지 봉투의 장수 = (나머지와 모자람의 합) ÷ (편지지를 '몇 장'씩 사용하려 했는지에서 '몇 장'의 차)
= (6 + 6) ÷ (3 - 2) = 12 ÷ 1 = 12장

따라서 편지 봉투는 모두 12장입니다.

③ 편지지의 장수는 아래 두 식 중 하나를 이용해 구하면 됩니다.

(2 × 12) + 6 = 30장 또는 (3 × 12) - 6 = 30장

따라서 편지지는 모두 30장입니다. (정답)